Osprey Aviation Elite

B-29 Hunters of the JAAF

Koji Takaki
Henry Sakaida

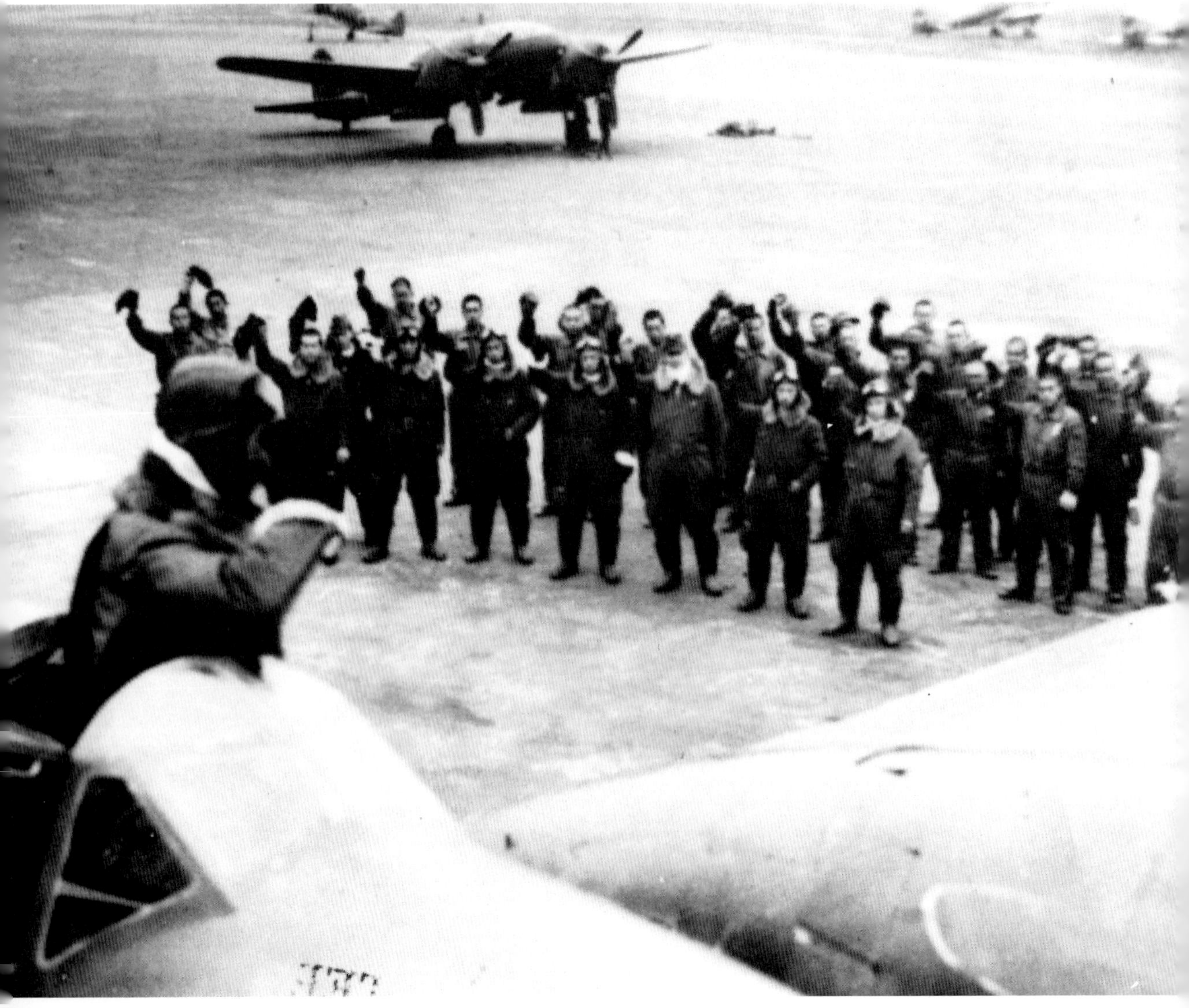

Osprey Aviation Elite

オスプレイ軍用機シリーズ
47

B-29対
日本陸軍戦闘機

[著者]
高木晃治×ヘンリー・サカイダ
[訳者]
梅本 弘

大日本絵画

カバー・イラスト/ジム・ローリアー
カラー塗装図/ジム・ローリアー
　　　　マーク・スタイリング

カバー・イラスト解説

「加藤、突っ込むぞ！」53戦隊のキ45改「屠龍」の操縦者、広瀬治少尉は昭和20年2月19日、第500爆撃航空群のスタンリー・H・サミュエルスン大尉操縦のB-29、42-24692に向かって急降下して行った。富士山の東方、高度8550mで決行された体当たりの生存者は、広瀬機に同乗していた加藤君男伍長と、B-29のレーダー手、ロバート・P・エヴァンス曹長と、衝突でひどい火傷を負った乗員のロバート・ジェネセックのみであった。だが、ジェネセックは治療もされぬまま3月6日に死亡。東京を襲った第73、第313爆撃航空団による作戦第37号では、6機のB-29が失われたが、うち2機は空対空特攻によるものであった。

凡例

■翻訳にあたって文中の用語には一部日本陸軍の慣用語を用いた。たとえば装備火器については、日本陸軍は口径7.92mmまでを「機関銃」、12.7mm以上を「機関砲」と称し、また、米英は12.7mmまでが「機関銃」、20mm以上を「機関砲」と称するなど、呼称の異なる場合があるため、それぞれの規準にしたがって表記した。またいわゆる「飛行機乗り」については日本陸軍の用語である「空中勤務者」を、パイロットについては「操縦者」を使用した（参考；日本海軍では口径40mmまでを機銃と記し、いわゆる飛行機乗りを「搭乗員」、パイロットを「操縦員」と称した）。

■本書に登場する米軍の主な航空組織については、以下のような日本語呼称を与えた。

米陸軍航空隊（USAAF＝United States Army Air Force）
Air Force→航空軍（例：第20航空軍）、　Command→コマンド（例：第XX爆撃コマンド）、
Wing→航空団（例：第58爆撃航空団）、Group→航空群（例：第444爆撃航空群）、
Squadron→飛行隊（例：第333戦闘飛行隊）。

米海軍（USN＝United States Navy）
Fighting Squadron(VF)→戦闘飛行隊（例：第31戦闘飛行隊）。

訳者覚え書き

昭和20年3月10日の東京大空襲で302空の彗星夜戦に乗って邀撃に上がった元海軍搭乗員の中芳光氏にお話をうかがったことがある。地上は一面火の海で操縦席にまで煙が入ってきて「これはどういうことね」と涙が出て仕方がなかったという。人口密集地に無差別焼夷弾爆撃を行うB-29に対する防空戦闘機隊員の敵愾心は全身の血が沸騰するようなものであっただろう。そして日本戦闘機とは次元を異にするほどの高性能機「超重爆」を撃墜する手段は陸軍の空対空特攻機による体当たりしかなかった。本書は、体当たりしかなかった空戦の詳細を、日本人と日系三世の米国人が攻撃する者と体当たりを受ける者という日米両サイドの視点から公平で冷静かつ客観的に描写している。それにしても1機、2機と体当たりされても飛び続ける「超空の要塞」の名にし負う強靱さと、その強敵を落とすためには体当たりで編隊から脱落、高度、速度を低下させた上、多数機で繰り返し攻撃をしなければならなかった日本戦闘機の苦闘と不屈の攻撃精神には驚かされる。冒頭でご紹介した中氏は、その夜、腹の下に入り20mm斜め銃で射撃してもB-29は一切反撃してこなかったと不思議がられていたが、その理由も本書に詳しく述べられている。

翻訳にあたっては「Aviation Elite Units 5 B-29 Hunters of the JAAF」の2001年に刊行された版を底本としました［編集部］。

目次
contents

6 1章 陸軍戦闘隊と第58爆撃航空団
JAAF versus the 58th BW

24 2章 陸軍航空部隊と第73爆撃航空団との対決
JAAF versus the 73rd BW

82 3章 作戦第二段階
phase two operations

102 4章 対B-29戦闘の最終局面
final phase against the B-29

117 付録
appendices

117 　補遺1：B-29の損失
117 　補遺2：日本陸軍航空の対B-29戦果上位者
118 　補遺3：B-29が陸軍航空戦闘機の体当たり攻撃を受けた作戦

50 カラー塗装図
colour plates

119 　カラー塗装図 解説

陸軍戦闘隊と第58爆撃航空団
JAAF versus the 58th BW

　昭和19年（1944年）までに日本に対する戦局は逆転していた。そしてボーイングB-29が中国・ビルマ・インド（CBI）戦域に出現したことによって日本の命運は窮まったのである。第XX爆撃コマンドは後方基地を設営するため第58爆撃航空団をインドに派遣、次いでカルカッタから日本本土を攻撃圏内に収めることができる中国、成都の前進基地に移動した。

　ビルマの飛行第64戦隊による報告のおかげで、大本営は最初の交戦から間もなくB-29の出現を知ることとなった。この有名な部隊の指揮官、宮邊英夫大尉（後の戦隊長だが、当時は第2中隊長であった）が飛行第204戦隊との協同作戦の折、超重爆と初めて戦ったのである。

　昭和19年4月26日、第444爆撃航空群、チャールズ・ハンセン少佐操縦のB-29、42-6330号機は中国、インド国境付近を高度4800mで飛行中、キ43「隼」に攻撃された。30分にわたる戦いで、B-29の上部砲塔と、尾部の20mm砲は撃てなくなり、側部で砲塔を操作していたワルター・ギロンスキー軍曹が負傷した。だが、尾部射手のハロルド・ラナハン軍曹は2挺の .50口径（12.7mm）機関銃の故障を排除し、1機を撃墜したと報告した。

　一方、宮邊大尉はB-29の右エンジンを射撃し、本機を撃墜したと主張している。だがB-29は8発の被弾痕を残したまま飛行をつづけ、日本戦闘機隊も全機無事で帰って行った。

　東京の情報部は、ひとたびB-29が中国の前進基地に到達すれば、東シナ海越しに、北九州の工業地帯が爆撃の脅威に曝されることを正確に予見していた。また軍統帥部は最初の空襲が夜間に実施されるであろうことも見抜いていた。しかしそれは米軍が補給の問題を解決してからになるだろう。

　米輸送機コマンドのB-29と、B-24の輸送機型であるC-109と、C-47輸送機は補給のため「ハンプ」として知られるヒマラヤ越えの航路を延べ1400回も中国に飛んだ。初期型のB-29は装備を撤去され燃料輸送機として使われ、6月までに、米軍は敵領内に侵攻するのに十分な燃料、兵装弾薬、補給品と要員そして航空機を用意することができた。

　6月15日、16時16分、第58爆撃航空団の68機のB-29は初めて航空団の基地である成都から離陸した。九州北部沿岸の八幡製鉄所を目標にしている第58爆撃航空団の各機はたった2トンの爆弾しか搭載していなかった。この作戦は非常な長距離であったので搭載燃料に余裕がなかったため、参加機は大きな編隊を組まず単機ごとに目標に向かった。飛行高度は2550から3300mとされた。

　米軍は奇襲を意図していたが、それは叶えられなかった。中国の日本陸軍の航空情報隊は探り出した米軍の航空活動を日本本土、福岡にあった西部軍司令部にすばやく知らせていたのである。朝鮮半島の南岸、東シナ海

にあった済州島の電波警戒機（レーダー）も多数の機影を捉えていた。

第40爆撃航空群の対レーダー技術者であったトム・フリードマン中尉は探査機器で日本軍レーダー波を逆探知していた。聞こえてきた激しいうなり声が、B-29がすでに「着色（ペインテッド）」されていることを示していた。

「我々は中国沿岸からすでに探知されており、それは目標到達までの数時間継続していた。日本に近づくとまた別のさらに強力な電波が加わった。はるか下方でぞっとするようなことが行われている感じだった。スコープと表示板に映る我々の動きはひとつひとつ注意深く見つめられていたはずだ」

日本機は緊急出動を命じられた。本土上空で超重爆と初交戦するという栄誉は本州西部にあった小月飛行場の飛行第4戦隊のものとなった。開戦時4戦隊はフィリピン侵攻の一翼を担い、昭和17年（1942年）1月には山口県小月に戻り、北九州防空の任務についた。

4戦隊の装備機は川崎の双発戦闘機キ45改、二式複戦「屠龍」であった。連合軍側のコードネーム「ニック」、この飛行機は長距離戦闘機として作られたが、期待されたような活躍はできなかった。しかし同機は対地攻撃と夜間邀撃戦闘で優れた性能を示した。後期の型は実用上昇限度10000m、高度6000mでの最高速度540km/hの性能を発揮した。当初屠龍は8機だけが夜間戦闘機に改装されていた。うち6機はありきたりな20mmと13mm機関砲を搭載していたが、2機は37mm砲を備えていた。

敵襲は夜の闇に守られて行われるものと予測されていたため、同戦隊の

昭和19年1月、小月飛行場にて。中隊長であった小林公二（まさじ）大尉に敬礼する53戦隊第3中隊の操縦者と、同乗者たち。背後には双発の屠龍が見える。彼らは当時、夜間邀撃の訓練を実施していた。（Maru）

部下を教育するためのB-17「空の要塞」の模型を手にしている小林公二大尉。彼らは昭和17年の初期にジャワで捕獲した飛行可能なB-17も訓練に使用していた。米軍が戦略爆撃機の基地を中国に推進したとき、日本はB-29が北九州を攻撃するであろうことを正確に予測していた。(M.Kobayashi)

　操縦者は夜間戦闘の特別訓練を受けていた。40名の操縦者のうち夜間飛行が可能[技量甲]だったのは、ほとんどが500時間を越す飛行時間をもつ15名に過ぎなかった。
　戦技に磨きをかけるため、彼らは昭和17年の初期にジャワのバンドンで捕獲したB-17E型を使っていた。決められていた戦術は前上方からの対進攻撃[正面攻撃]で、「空の要塞」とともに飛行して訓練を積み、同戦隊はまた牽引式の吹き流しを使って地上の照空灯部隊との連携をも学んでいた。
　そうこうするうちに「超空の要塞」の来襲を迎えた4戦隊は4機編隊による屠龍を延べ24機出撃させた[4戦隊は、B-29初空襲に対して警急中隊の8機をまず出動させ、夜戦による混乱を避けるため在空機は常時8機ずつに調整していた]。操縦者の多くは未だ所定の訓練の半分を終えたに過ぎなかったが、少数の熟練者とともに戦闘に投入されたのである。本土防空の操縦者は皆、初めて見る巨大なB-29の姿に畏怖を感じたことだろう。樫出

日本軍の機動照空灯、電源はいすゞトラックに搭載された発電機である。

　勇中尉は「無敵の爆撃機」との最初の出会いを以下のように記録している。「私は北九州工業地帯の上空を飛んでいた。［敵機は要地上空に侵入。各隊は攻撃すべし。］戦隊長の命令が入ると同時に照空灯がさっと一斉に照射された。とうとう敵の四発重爆が姿を現した。恐ろしかった。B-29は大きな飛行機だとは知っていたが、想像していたよりも遙かに大きい。B-17と比べてB-29は文句なく『超』空の要塞だ。照空灯は大洋の巨鯨を思わせる姿を浮かび上がらせている。私はその大きさに驚いた」

　62機のB-29が目標上空に到達し、23時38分（中国時間）に500ポンド（227kg）汎用爆弾の投下を開始した。10分の5［空のおよそ半分が雲に覆われている状態を示す］の雲量と八幡地区の灯火管制のせいで、目視照準で爆撃できた機体は15機にとどまり、他の機はレーダー照準で投下、目標に命中した爆弾はたったの1発であった。一方、爆撃機の乗員たちによれば日本軍の抵抗は弱く、450m以内まで接近した攻撃は12回が記録されたのみであった。B-29の射手も撃墜戦果は1機も報告できなかった。

　日本軍の戦術は一見効果なく思われたが、米軍も無傷では帰れず、第468爆撃航空群の「リンバー・ダガン」（42-6230）号が日本上空で撃墜された最初のB-29となった。撃墜したのは、照空灯に補足されたB-29を下方から攻撃した木村定光准尉であった［墜落したB-29の残骸は戸畑地区北方の海岸と、折尾地区の北西に当たる遠賀川で発見されている］。

　「わたしは20、30mの距離まで接近した」。彼は当時の雑誌『航空少年』の昭和19年7月号に回想記を掲載している。「突然、すべてが真っ白になった。照準器は敵機の巨大な胴体に反射した光でいっぱいだ。わたしとの衝突を恐れて敵機は上昇しはじめた。焦ることもなく撃ちはじめ、命中弾を見舞う。ゆっくりと機首が下がり、錐揉みに入った。安定板の千切れ飛ぶのが見えた」

　第58爆撃航空団はこの作戦で7機のB-29を失った。しかし撃墜されたのは1機のみで、後は作戦上の損失だった。高射砲で傷つけられたのは6機である。

　2時間にも及んだはじめての夜間戦闘で4戦隊の操縦者が報じたB-29の撃墜7機、撃破6機［4戦隊の戦果報告は撃墜確実4機、不確実3機、撃破4機と記録されている］という過大戦果は暗闇と混乱が生み出したものか。にもかかわらず、28歳の木村定光准尉は日本の夜間空戦の英雄となった。彼はB-29の撃墜3機を報じ、陸軍大臣の東條英機大将から軍刀を授けられたのである。他に撃墜戦果をあげたとされているのは樫出勇中尉が2機、小林公二大尉1機、西尾半之進准尉が1機［藤本清太郎軍曹1機?］であっ

第468爆撃航空群のB-29「リンバー・ダガン」の残骸を調査する樫出勇中尉 (Y Kumoi)

別の角度から見た「リンバー・ダガン」。同機は北九州の若松地区で撃墜された。落としたのは木村定光准尉のキ45と思われる。(Y Kumoi)

昭和19年6月16日、報道関係者（カメラに背を向けている）の取材を受ける4戦隊の操縦者たち。同戦隊は、前夜、北九州を襲った第58爆撃航空団のB-29の撃退を試みたのである。左から右に、小林公二大尉、安部勇雄少佐（戦隊長）、第19飛行団の参謀長、樫出勇中尉、木村定光准尉、佐々利夫大尉（右手前）。(Y Watanabe)

た。被弾損傷した屠龍はたった1機だった［内田実曹長機1発被弾］。

　日本陸軍の37mm機関砲に関していえば、使っていた操縦者たちはこの砲は万全でなく、搭載弾薬が少ないと見なしていた。樫出勇中尉は以下のように述べている。

「機体の機首はこの砲を収納するために作り直されていたが、弾薬は15発しか搭載できなかった。発射速度は毎分3発であった［当時二式複戦が搭載していた37mm機関砲ホ203の発射速度は毎分100発。毎分3発というのは九四式37mm戦車砲を搭載した初期の複戦との混同と思われる］。手動装

B-29との戦いで名声を得た4戦隊の5名の操縦者。立っているのは左から右へ、野辺重夫軍曹、西尾半之進軍曹、モリ・シンジ軍曹、座っているのは内田実軍曹と、樫出勇中尉。(via H.Sakaida)

毛皮で裏打ちされた電熱式の高高度用の飛行服を着用した樫出勇中尉。樫出中尉はソ連との小競り合い、ノモンハン事件での撃墜戦果7機に加えて、B-29に対する信じられないような戦果を報告している。彼の戦果は、当時の戦友たちや戦後の研究者によれば、7機程度ではないかといわれている。
（via H.Sakaida）

塡などということはないが、自動火器にはほど遠い。重要な戦争資材の欠落は悲劇だった。我々は1発1発を数えながら、一撃必殺で行くしかなかった」

はじめての体当たり攻撃
First Ramming Attack

8月20日、第20爆撃航空団の4個航空群（第40、第444、第462と第468）を構成する76機が中国の基地を離陸した。率いるのは第468爆撃航空群のハワード・イングラー大佐と、観戦のためにやってきた攻撃指揮官のサンダース准将であった。各B-29は八幡の製鉄、製鋼施設を狙ってそれぞれ1.5トンの500ポンド汎用爆弾を搭載していた。

離陸から数分を経ずして、またしても早期警戒のレーダーが大編隊を捕捉、日本軍は警報を受けた。16時32分、西部軍司令部は警戒警報を発令、陸軍の4、51、52、59戦隊が邀撃のために緊急出動した。

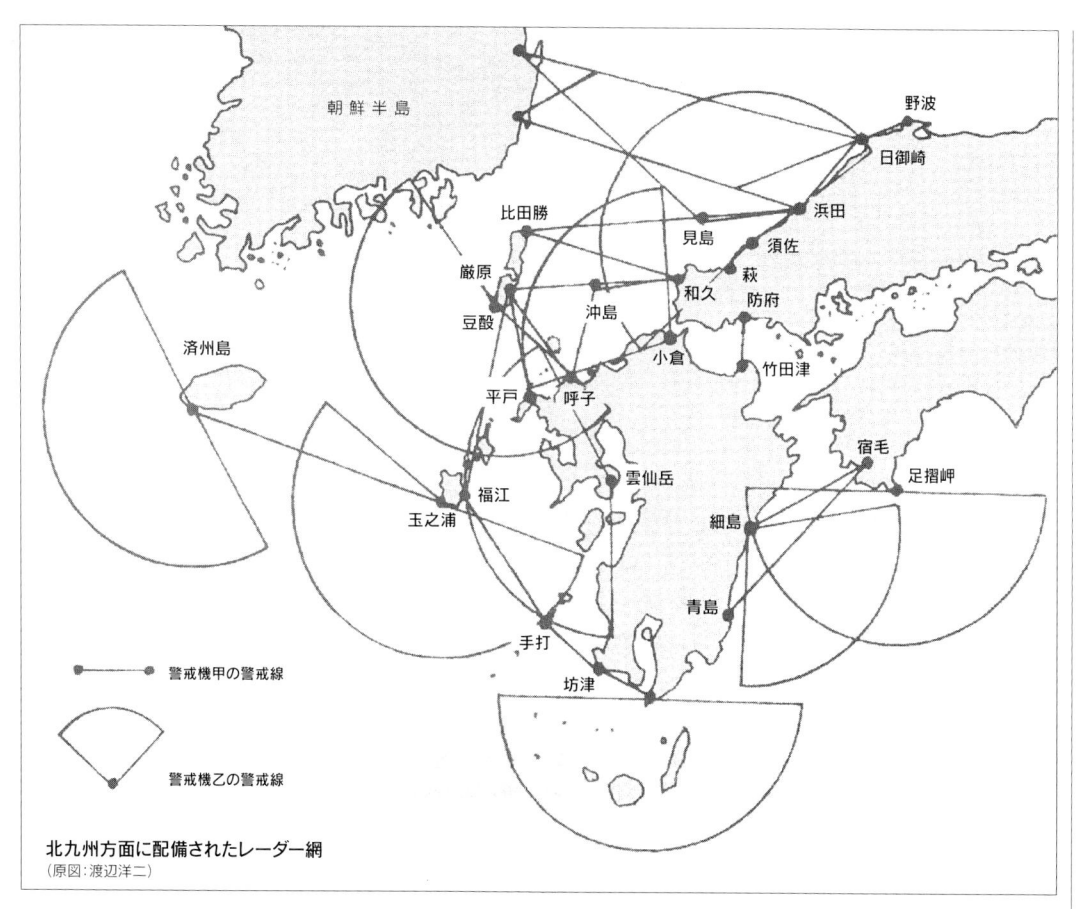

北九州方面に配備されたレーダー網
（原図：渡辺洋二）

凡例：
- ●—— 警戒機甲の警戒線
- 扇形 警戒機乙の警戒線

西日本の電波警戒機網はB-29の接近を効果的に探り出した。また中国大陸の対空監視哨からは日本沿岸に達する以前のB-29の行動に関する情報を得ることもできた。

本州（山口県）の防府（ほうふ）を基地にする51戦隊は中島キ84四式戦「疾風（フランク）」を装備していた。同戦隊は同じく四式戦を配備された52戦隊とともに1944年4月に創設された比較的新しい部隊だった。芦屋の59戦隊は、1939年5月のノモンハン戦［モンゴルと満洲の間で起こった国境紛争に日ソが介入したために勃発した］以来、中国、ニューギニアを転戦してきた古参で三式戦「飛燕（とびつばめ）」を装備していた。

陸軍の4個戦隊を併せてB-29と戦う戦闘機は89機。加えて海軍の第352空と大村航空隊が戦闘機を邀撃にあげていた。

超空の要塞、今回は3ないし4個梯団にわかれた67機が高度6000mから7800mで八幡上空へ到達。激しい対空砲火に迎えられた。第1弾投下の栄誉を得たのは、サンダース准将と数名のカメラマンと従軍記者を乗せた、ドナルド・ハンブリー少佐の「ポストヴィル・エクスプレス」（42-6279）であった。

通信手は日本への投弾を示す符号「ベティ、ベティ、ベティ」を叫んだ。他機も爆撃を始めた。高射砲は空に点々と爆煙を広げ「レディ・テディ」（42-6408）が墜落、その他8機が損傷した。16時32分、対空砲火の回廊を駆け抜けると、米軍は報復の意気に燃えて飛来した日本戦闘機に直面。爆撃機の射手は戦闘機を50機と数えたが、実際にはこの倍以上がいた。

ロバート・クリンクスケールズ大佐は、彼の第468爆撃航空群の先頭4機のダイヤモンド編隊の1機、彼の母にちなんだ愛称「ゲートルードC」（42-6334）に搭乗していた。太平洋戦争開戦の日、クリンクスケールズは有名な

八八式7.5cm高射砲の射程は9000mであったが、最大射程での精度は良くなかった。実際、よほどついていなければB-29を撃墜できなかった。

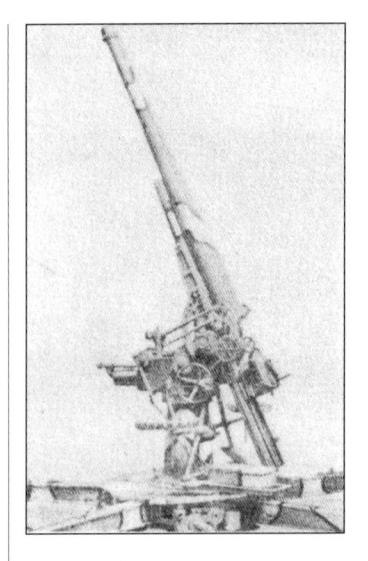

B-17「ザ・スウース」の副操縦士だった。その後、ダグラス・マッカーサーのお抱えパイロットとなり、もともとオーストラリア空軍の所属であったDC-2を使って彼をあちこちに運んだ。第58航空団のとき、彼は戦闘経験を認められ指揮官に選ばれた。クリンクスケールズ大佐はこれまでもいくつかの作戦で、愛犬のコッカースパニエル「サリー」を連れて、正規の乗員のひとりと替わって爆撃機に乗り込んでいた。

　4戦隊の樫出勇中尉と、僚機の野辺重夫軍曹は正面から爆撃機の大編隊に接近、樫出中尉が37mm砲で獲物に狙いをつけたとき、彼の右側を飛んでいた野辺軍曹が自発的に体当たりを決意、無線で知らせてきた。同機には後部射手として高木伝蔵兵長が同乗していた。

　「早まるな！」樫出中尉は叫んだ。しかし遅かった。［第1弾を放ったが命中を確認できなかった］野辺軍曹はすべてを抛って敵機を撃墜した。「ゲートルードC」はちょうど爆弾を投下するところで、野辺軍曹は屠龍をその針路の真っただ中に入れた。彼は機体を右に傾け、右翼が下から切り上げるナイフのように垂直にクリンクスケールズ機に当たった。正副操縦者は屠龍

昭和19年8月20日、八幡を襲った第468爆撃航空群の操縦者4名。左から右へ、ジェイムズ・V・エドマンスン大佐、「サリー」を抱いたロバート・クリンクスケールズ大佐、ドン・ハンフリー少佐、ジェイムズ・ヴァン・ホーン少佐。(Don Humphrey)

昭和19年春、小月で状況説明を受ける4戦隊の操縦者たち。前列に座っているのは左から内田実軍曹、樫出勇中尉、野辺重夫軍曹。この3人とも、複数のB-29を撃墜している。(via H.Sakaida)

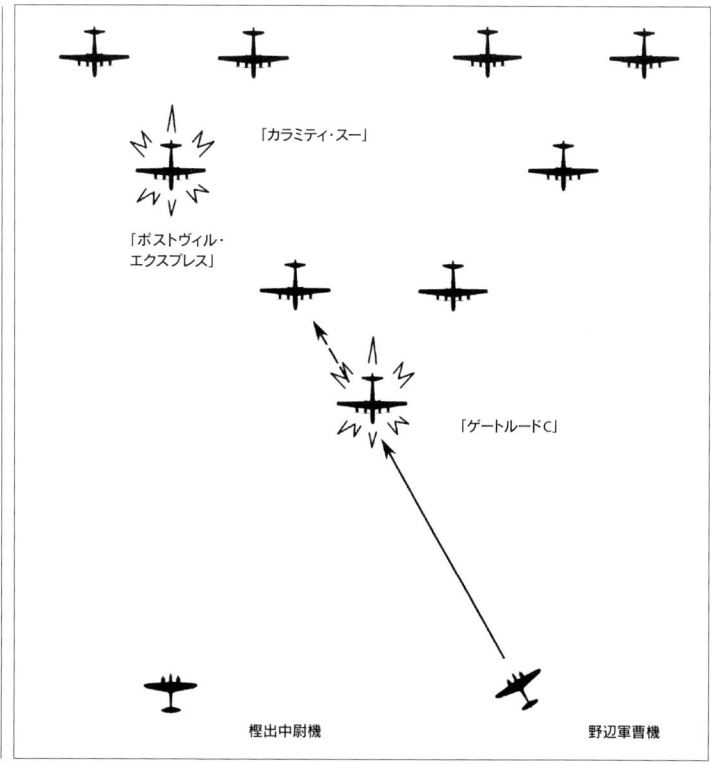

この図は、野辺軍曹機がロバート・クリンクスケールズ大佐の「ゲートルードC」に体当たりし、緊密な編隊を組んでいたことから2機のB-29が墜落した様子を示している。

「カラミティ・スー」

「ポストヴィル・エクスプレス」

「ゲートルードC」

樫出中尉機　　　　野辺軍曹機

の右翼がB-29の左翼を、翼端と第一エンジンの間で切り裂く恐ろしい光景を見た。爆撃機の翼内燃料タンクが火の玉のように爆発、野辺機は車輪のように回転しながら編隊の後方へと落ちていった。

　燃える残骸はクリンクスケールズ機に後続していたハンブリー少佐機の右翼すれすれを飛んで行った。だが最後尾にいたオニール・ストウファー大尉機はそれほど幸運ではなかった。彼は残骸を避けるため、急激に機体を引き上げたが、水平安定板を切断され、同機は錐揉み状態で墜落。この激突で生き残ったのは落下傘降下して捕虜になったチャールズ・ショット軍曹だけであった。彼は後に帰郷できた。

　B-29の射手は17機撃墜、13機撃墜不確実、12機撃破を報じて作戦を終えた［日本側の損害は、二式複戦2機喪失、戦死3名。三式戦1機喪失、戦死1名、不時着大破3機］。損害はB-29喪失14機、さらに対空砲火で8機が損傷を受けた。

　八幡への2回目の空襲は、最初よりはややうまくいった。この昼間空襲で

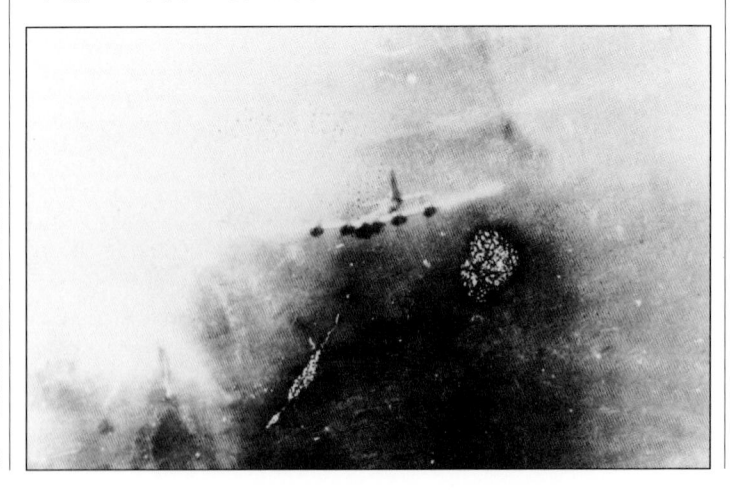

第794爆撃飛行隊の「ポストヴィル・エクスプレス」(42-6279)の乗員。ドン・ハンフリー少佐が機体を引き起こして野辺軍曹機を避けたため、同機は「ゲートルードC」に衝突した。(Don Humphrey)

衝突！　野辺軍曹は自分の双発戦闘機を「ゲートルードC」の左側にぶつけた。この写真は「カラミティ・スー」の残骸から回収されたカメラから現像されたものである。

この「ポストヴィル・エクスプレス」の写真は、八幡に向かっていた不運な「カラミティ・スー」に乗っていた氏名不詳の搭乗員が撮影した。

投下された96トンの爆弾によって溶鉱炉2基を破壊したのである。その夜、10機のB-29が同じ標的を狙い、15トンの爆弾を落とし、全機が無事に帰ってきた。

　同昼間空襲に対する日本側の戦果報告は、もしそれがそのまま真実であったならば目覚ましいものであった［陸海軍戦闘機隊と西部高射砲集団は撃墜24機、不確実撃墜13機、撃破47機を報告している］。4戦隊だけで撃墜17機（うち不確実8機）に加えて撃破17機を報じていた［樫出中尉の回想によれば撃墜16機（うち不確実4機）、撃破13機］。この日、大きな戦果を記録したのは3機撃墜、4機撃破を報じた森本曹長で、彼は武功章を授けられた。小林公二大尉は2機撃墜を報じたが、被弾により不時着を強いられた［2機目を発火させた際に被弾、片発になって雁巣飛行場に着陸した］。佐々利夫大尉は、超空の要塞1機を落としたとされているが、彼の乗機も防御砲火で傷つき対馬沖に落下傘降下、生還した［エンジンから滑油が漏洩、佐賀県呼子沖に不時着水。同乗の吉田軍曹は行方不明］。

　51戦隊は18機を出動させ撃破2機を、52戦隊は15機を出し福岡の北方で59戦隊と協同で超空の要塞撃墜1機を報じた。41歳にもなる第16飛行団の指揮官も邀撃に参加。四式戦で単機飛行中だったその飛行団長、新藤常衛門中佐は八幡上空でB-29撃墜1機を報じている。最後に59戦隊は撃墜1機、不確実3機、撃破1機の戦果をあげたとされており、操縦者1名［小瀬川耕中尉］が戦死、さらに三式戦3機が重大な損傷を受けた。

昭和19年8月20日の八幡空襲で撃墜されたB-29の残骸。

奉天空襲
raid over mukden

　1944年12月7日、第XX爆撃コマンドは超空の要塞108機を以て、満洲の奉天にある航空機産業を壊滅させる第19号作戦を決行した。しかし、この空爆では目標の破壊以上のものの獲得が意図されていた。そこに収容されていた1600名以上もの連合軍の捕虜の士気を高揚させようという意図があったのである。彼らにとって、この空襲は戦争が間もなく終わるという希望を抱かせるものとなるはずであった。

　満洲の厳寒は爆撃機の搭乗員を混乱させた。快晴であったにもかかわらず、風防が冷たい霜に覆われ目標の視認を妨げたのである。第468爆撃航空群の「マミー・ヨーカム」(42-63536)を操縦していたトム・ヤング中尉は以下のように回想している。

　「目標に向かいつつあるとき、機首部分が内側から氷結しはじめ、編隊の維持すら難しくなっていた。昔、寒い日にエンジンが暖まるまで私の29年型フォード・クーペの窓が内側から結露していたこと、そのときどうしていたかを思い出した。わたしは乗員に酸素マスクを着用するようにいい、機内を減圧し側面の窓を開けた。強烈に冷たい風がどっと吹き込んできたが、視界は開け周囲の様子がよくわかるようになった」

　最終的には91機が目標に到達した。飛行第104戦隊［四式戦約12機、二式単戦約30機、一式戦約10機］、独飛第25［二式複戦を主力に約30機］、独飛第81中隊［百式司偵(37mm砲装備)約10機］と満洲空軍［九七戦、一式戦約10機］の戦闘機が彼らを出迎えた。爆撃機の乗員は85機の戦闘機が185回の単独または連携攻撃を仕掛けてきたと報告しているが、実際の数はやや少なかったと思われる。

　主攻撃目標に達するずいぶん前に、10機は鉄道操車場を狙って爆弾を投下してしまった。80機の乗員は下方の濃い煙幕にもかかわらず自制し、標的の上空で爆弾を落とした。

　この空襲で失われた最初のB-29の1機は、第468爆撃航空群のロジャー・パリッシュ大尉操縦の「ギャロッピン・グース」(42-6390)だった。目標到達の15分前、独飛第25中隊の二式複戦を操縦する池田忍軍曹(同乗者なし)は「ウィンディ・シティⅡ世」(42-24486)に追尾攻撃をかけた。爆撃機の射手は、この双発戦闘機の右エンジンに命中弾を見舞い発火させ、風防をも打ち砕いた。

八幡作戦の際、高射砲によって撃墜されるB-29を写した日本の新聞写真。

第468爆撃航空群、第794爆撃飛行隊の「ギャロッピン・グース」は昭和19年12月7日、満州の奉天空襲中、尾部に池田忍軍曹の二式複戦に体当たりされた。

　池田軍曹は降下しつつ、乗機のコントロールを回復、「ギャロッピン・グース」の尾部に体当たりした。これが満洲上空で記録された最初の体当たり攻撃であった。傷ついたB-29は垂直に墜落、落下傘はたったひとつしか開かなかった。唯一の生存者、アーノルド・G・ポープ曹長は以下のように語っている。「私以外の乗員は皆死んだと思う。機体から他の落下傘が出るのは見えなかったから」。池田軍曹も二式複戦の墜落で戦死した。

　日本軍は米軍に大きな犠牲を支払わせることを決意していた。第462爆撃航空群の「ハンピン・ハニー」（42-6299）は104戦隊の永田忠則曹長か、明野吉博軍曹の中島キ44二式単戦「鍾馗」の体当たりを受けた。両名とも戦死している［奉天防空を担当していた独立第15飛行団長の土生秀治少将は指揮下の各部隊に出動を命じた際に、104戦隊長、独飛第81中隊長から空対空特攻を実施するとの報告を受け「1個小隊程度なら」と承認。104戦隊の瀧山和少佐は遠宮中尉、森中尉、永田曹長（以上二式単戦）、尾崎少尉（一式戦）の4名に「菊水攻撃隊」として空対空特攻を命じていた。明野軍曹（荒木軍曹?）は後上方から深い角度でB-29に体当たりして1機を撃墜。永田曹長は何度か体当たりを試みたが果たせず防御砲火で撃墜されたが、彼が損傷させたB-29は曽根曹長の鍾馗が榮口湾上空まで追跡、40mm自動噴進砲の射撃で撃墜したとされている］。

　「『ハンピン・ハニー』は胴体部分が爆発したか、潰れて、左舷射手とわたしは機外に放り出された」生存者2名のひとり、ウォルター・ハス曹長は証言している。「私たちはふたりとも、どうやって機体から出たかわからなかった。後から胴体の中央射撃管制席付近が爆発したか潰れたかして、ふたりそろって機体から離れたらしいと説明されただけだった」。

　ハス曹長も、ケン・ベックウィズ技術軍曹も日本軍の「つるし上げ」裁判で、民間施設を狙ったとして裁かれた。彼らは有罪とされ、4カ月の独房監禁を宣告された。10カ月間に及ぶ地獄さながらの体験を経て、終戦時、彼らはロシア軍に解放された。

奉天郊外の畑に横たわる「ギャロッピン・グース」のずたずたになった残骸。機体が大地に激突する前に脱出できた乗員はたったの1名だった。

第462爆撃航空群、第770爆撃飛行隊の「ハンピン・ハニー」もまた奉天上空で二式単戦の体当たりの犠牲となり、落下傘降下し捕虜として生き残った乗員は2名だけだった。

一方、連合軍の捕虜たちは頭上を飛ぶB-29の編隊を激しく攻撃する日本戦闘機の姿を地上から見つめていた。ロイ・ウィーバーは「ニップの戦闘機が1機のB-29に上から突っ込んでいったと思ったら衝突して、その直後に大爆発が起こって破片が空いっぱいに広がった。荘厳だった。本当に荘厳だったとしかいいようがない」と回想している。

第468爆撃航空群のダグラス・ハットフィールド少佐の「ジョージア・ピーチ」(42-63356)の運は悪いばかりではなかった。第4練習飛行隊の教官、

「ハンピン・ハニー」の元々の乗員たち。立っているのは左から、オーリアス・コービー中尉(操縦)、ハーモニー、ベイン、ブリーワーと、ボトム。前列も左からローホン、ブロウン、カービー、ブレヴィンス、ウォルター・ハス軍曹。奉天作戦で同機が失われたとき、乗員は大きく入れ替えられて、残っていたのはコービー中尉と、ハス軍曹だけだった。

宗文朗少尉は「ジョージア・ピーチ」への体当たりを試みたが前方射手に発火させられた。彼の一式戦は超重爆のプロペラを傷つけたが、宗少尉も燃える戦闘機から抛りだされた。戦闘の混乱の中で、彼はB-29を撃墜したと信じ、武功章の授与を受けた。軍服に縫い付けられているのは珍しい布製の武功章である。(K.Osuo)

B-29「ラウンド・トリップ・チケット」(42-6262)の残骸の山に見えるラクダのマークは第444爆撃航空群で爆撃任務に就く前にヒマラヤ越え[この作戦はハンプ(ラクダのこぶ)越え、といわれていた]の輸送任務を遂行した回数を示している。

　宗文朗少尉はハットフィールド機を視界に捉えた。彼が超空の要塞に270mにまで接近したとき、米機の前方射手は彼の「隼(オスカー)」のエンジンを発火させた。戦闘機は右に旋回し、爆撃機の第一エンジンのプロペラを切断、機体は車輪のように回転しながら左翼の上を飛び、操縦者を投げ出した。宗少尉は落下傘降下、生還し、B-29の撃墜を報告。この大胆さに対して武功章(乙)が授与された。しかし、1945年2月、彼は訓練中の事故で殉職してしまった。「ジョージア・ピーチ」はプロペラを破損させたまま基地に帰った。
　第444爆撃航空群のカール・R・バーンズ少佐操縦の「ラウンド・トリップ・チケット」(42-6262)もまた日本機の餌食となった。ポール・S・サルク技術軍曹は次のように回想している。
　「同機は第584号機の右後方に位置していた。その後262号機は後方に遅れ、そのまま見えなくなってしまった。同機は編隊を組んだまま投弾。投下後、1機の屠龍が同機を攻撃しているのを見た」
　第19号作戦で第XX爆撃コマンドは7機のB-29を失った。4機は日本戦闘

機に撃ち落とされるか体当たりされ、3機は作戦上の事故で失われた。日本側は操縦者5名［戦死4名、負傷1名］と、戦闘機6機［喪失5機、損傷1機］、鍾馗2機、隼1機、屠龍1機と満洲国空軍の固定脚機、九七戦1機を失った。九七戦の春日園生中尉はB-29に体当たりして戦死したと伝えられている。日本側は全部で、15機！　の撃墜を主張している［『戦史叢書』によれば撃墜14機、撃破1機。うち5機が空対空特攻によるものとされている］。

　第58爆撃航空団は作戦目標を中国・ビルマ・インド戦域の他の標的に転じる前に、もう一度だけ満洲を攻撃した。12月21日、奉天は40機の超空の要塞の空爆を受け88トンの爆弾を見舞われたが被害はわずかだった。日本の防空隊は爆撃隊全体を襲い、第468爆撃航空群のチャールズ・ベネディクト大尉操縦のB-29（42-24715）は満洲国空軍の九七戦、松本太平少尉機の体当たりで撃墜され全員が戦死した。

　松本少尉の戦友、西原成雄少尉も明らかに他の爆撃機への体当たりを試みていたが、遂に果たせず防御砲火で撃墜されてしまった［『戦史叢書』

垂直安定板の「ダイヤモンド33」の標識は同機が第444爆撃航空群の所属機であることを示し、6262からは第6爆撃飛行隊の「ラウンド・トリップ・チケット」であることがわかる。本機は屠龍に撃墜された可能性が高い。

日本兵のひとりが「ラウンド・トリップ・チケット」の残骸から見つけたフラック・ジャケット［高射砲弾の破片を防ぐ防弾衣］を持ち上げている……

……それから酸素マスク。

これも「ラウンド・トリップ・チケット」。救命筏は全てのB-29に搭載されている標準装備だった。

固定脚の九七式戦闘機で体当たり戦死した満洲国空軍の春日園雄中尉。この7.7mm機銃2挺で武装された戦前からの機体は、太平洋戦争の開戦時にはすでに旧式と見られていた。

によれば、松本太平少尉機は体当たりを試みたが集中砲火を浴びて撃墜され、西原成雄少尉の体当たりでB-29を1機撃墜したとされている]。第462爆撃航空群のジョン・キャンベル大尉操縦の「ワイルド・ヘアー」(42-24505)は空中炸裂爆弾(「夕」弾)で撃墜された[104戦隊、瀧山戦隊長編隊の四式戦の「夕」弾攻撃によるものと思われる。同編隊はB-29撃墜1機と約10名の落下傘降下を報告している]。この作戦で失われたのは、この2機だけだった[日本側は撃墜4機を報じ、損害は九七戦2機喪失]。

1945年3月の末、第XX爆撃コマンドは中国・ビルマ・インド戦域での作戦を終了した。第58爆撃航空団はマリアナに移動、第XXI爆撃コマンドの傘下に入り、日本本土への作戦に加わることとなった。

chapter 2
陸軍航空部隊と第73爆撃航空団との対決
JAAF versus the 73rd BW

　1944年10月12日、ヘイウッド・ハンセル准将は最初のB-29「ジョルティン・ジョージー」（42-24614）でサイパンへと飛んだ。ハンセル准将は中国・ビルマ・インド戦域における超空の要塞作戦の指揮官として申し分のない男で、経験も豊富だった。彼はまた有名な書簡「陸軍航空隊、航空戦計画、APW-42（日独に対する戦略爆撃作戦）」の執筆者でもあった。
　1944年4月、第20航空軍が新しく創設されたとき、ヘンリー・「ハッ

第ＸＸⅠ爆撃コマンドの初代司令官、ヘイウッド・「ポッサム」・ハンセル准将。(Josh Curtis)

ラルフ・スティークリー大尉のF-13は東京上空に出現した最初のB-29であり、作戦後、「トウキョウ・ローズ」と命名された。この写真は新聞記事のために撮影されたもので、右端がスティークリー大尉である。(John Mitchell)

プ」・アーノルド大将が指揮官の職を得た。「ポッサム」・ハンセルは彼の参謀長と、第XXI爆撃コマンド指揮官の両職を兼任することになった。彼に与えられた最初の課題はマリアナ基地から日本本土を爆撃、破滅させることであった。

10月30日、F-13写真偵察機［B-29の偵察機型］の最初の2機がサイパンに到着した。2日後、ラルフ・スティークリー大尉は、1942年4月のドゥーリトル空襲以来初めて東京上空に侵入する米国機という栄誉を得ることになった。1944年11月1日午後、高空を見上げた東京市民はそこに常ならぬものを見た。彼らはこれまで、この都市の上空をこれほどの高さで飛んでゆく飛行機を見たことがなかった。

彼らが見たのは単独で関東平野上空を高度9600mで飛び写真撮影をして行った第3写真航空群のF-13（42-93852）であった。乗員はその物憂い午後、眼下に雑踏し活発に動く巨大都市を見ることができたが、とくに注目したのは東京から横浜にかけて集中している重工業地帯だった。日本国民は、このたった1機のもたらす差し迫った惨害には思い至らなかった。しかし、この単機侵入が彼らを仰天させる事態を招くのだ。1942年にシンガポールとビルマで有名を馳せた陸軍の飛行第47戦隊［正確には、勇名を馳せたのは同戦隊の前身である独飛第47中隊］がこの日の当直戦隊であったため、成増から可動全機を出動させた。

47戦隊は中島キ44「鍾馗」を装備していた。この武骨な邀撃機は5000mまで4分17秒で達するという優れた上昇力で知られていた。鍾馗は12.7mm

機関砲4門を備え（機首と主翼に各2門）、上昇限度は11200m、最高速度は高度5200mで605km/hであった。日本軍操縦者は、その後しばしば、明らかにもっと大型のP-47サンダーボルトと同機を取り違えることになる。

　彼は13時から追撃をはじめた。47戦隊の操縦者たちは状況が厳しいことは承知していた。彼らは燃弾を満載した機体で出動したが、これはキ44の上昇力に悪い影響を及ぼした。さらに鍾馗は高高度飛行用には造られていなかった。実際、高高度飛行中の同機は文字通り空に浮いているのがやっとで、旋回するたびに数百メートルもの高度を失うありさまだった。

　こんな高空では、もっと翼面荷重の低い陸軍の一式戦「隼」や、海軍の標準戦闘機A6M零戦の方が機動しやすかった。しかしB-29に対する戦いでは、鍾馗の高速と上昇力が米軍機の捕捉に大きな力を発揮すると期待されていたのである。

　第1中隊［朝日隊］は根気よくF-13を追跡し、第2中隊［富士隊］と、第3中隊［桜隊］が後続した。先頭の清水淳大尉は、部下とともにかろうじて高度9000mに達したとき、500mほど上空を四発エンジンのビヒモス［旧約聖書ヨブ記に登場する巨獣］が飛び去って行くのを見ることができた。清水大尉と、松崎真一中尉は苛立ちを抑えきれなくなった。第1中隊の2個編隊はおよそ1000m上空の侵入機に向かって機首を上げたが、たちまちほとんど操縦不能となり、短い連射を放つことしかできなかった。

　スティークリー大尉と部下は、撃たれたことにさえ気づかなかっただろう。サイパンに戻って、その夜、できあがったばかりの白黒写真の周囲に集まった写真分析家の顔は興奮とほほ笑みに彩られた。航空機でいっぱいの飛行場、工業、港湾施設が鮮明に見えたのだ。

昭和19年の元日に成増飛行場で撮影された47戦隊第2中隊員。背後の戦闘機に装着されている40mm自動噴進砲に注意。(K Osuo)

高空を飛ぶスティークリー機が癪に障って発砲した清水淳大尉は47戦隊第1中隊の指揮官であった。清水大尉は昭和19年7月から終戦まで、第1中隊長を務めていた。

　彼らの尽力によって、スティークリー大尉は殊勲飛行十字章を、部下たちは飛行徽章を授与された。彼らの機体は「トウキョウ・ローズ」と命名され、乗員たちは帰国後、新聞でおおいに報道された。華やかなファンファーレの中、第73爆撃航空団は真摯な仕事にとりかかった。

　日本本土への攻撃に先立って事実上もっとも努力の傾注を要するのは、サイパン島に巨大な飛行場を建設しなければならないということであった。そして11月2日の夜、そこに対する最初の攻撃が行われた。10機の日本海軍機、攻撃第703飛行隊の一式陸攻が硫黄島から来襲したのである。サイパン時間、午前1時30分、空襲警報が鳴り響いた。イスリー飛行場に落ちた爆弾はたったの5発だった。フランシス・イートン中尉操縦、レーダー手ジェイムズ・ケッチマン少尉のP-61ブラックウィドウ夜間戦闘機はサイパンの西方で侵入機、1機を撃墜、日本側は全部で3機を失った［陸攻の攻撃に先立って第2独立飛行隊の九七重爆8機がイスリー飛行場を攻撃、4機が未帰還になった］。

11月7日、午前1時30分、日本軍はまたやってきた。5機ないし7機の一式陸攻がサイパンに出撃したが、価値ある目標に命中した爆弾はなかった［九七重爆5機、百式司偵6機、一式陸攻7機がサイパン、テニアンを爆撃した］。彼らを掩護してきた戦闘機は滑走路を機銃掃射したが、被害はごくわずかだった［爆撃機による機銃掃射の誤認と思われる］。敵機は闇にまぎれて飛び去って行った。

「ドーントレス・ドッティ」に乗り込む直前、最後の打ち合わせをするロバート・K・モーガン少佐と、「ロージー」・オドンネル准将。本機は昭和19年11月24日の東京初空襲の先頭を飛んだ。オドンネル准将は第73爆撃航空団の指揮官であった。(Josh Curtis)

東京初空襲
First Strike on Tokyo

　偵察写真が情報将校の手にわたった途端、サイパン島は大忙しとなった。中島製の戦闘機のエンジンを作っている中島飛行機東京武蔵製作所［陸軍機を作っていた中島飛行機の武蔵野製作所と、海軍機を作っていた同、多摩製作所を昭和18年（1943年）11月の軍需省設立に当たって合同、当時はハ45「誉」航空発動機を全力生産していた］は、第一優先目標第357号に分類された。ドッグ群は副次目標に指定された。

　11月7日、ハンセル准将は情報をさらに収集するためにF-13を1機、東京に送り出した。日本軍は「覗き屋」がまた戻ってくることを知っていたので、この辺りでは陸海軍とも準備を万端に整えていた。F-13が飛来したとき、100機以上もの戦闘機が追跡してきたが、高度9600mまではこられなかった。同機は仕事を済ませ、貴重な写真を撮ってサイパンに帰って行った。

　3日後、第497爆撃航空群のジョン・ガーヴィン大尉の「スカイスクラッパー」（42-24599）は、高射砲の精度を測るおとりになって東京上空を飛んだ。彼が無事に帰ってきたことで、その威力の程は知れようというものだ。第7号作戦は翌日に予定されていたが、悪天候によって延期された。

　東京上空へのB-29の初登場は陸軍、第10飛行師団長、吉田喜八郎少将を大いに警戒させ、彼は麾下各戦隊に空対空特攻隊の編成を命じた。各部隊長は、それぞれ4名の操縦者にこの危険窮まる任務を割り当てた。敵機が飛行する高度に達するため武装、防弾鋼板その他、不要な装備を各戦闘機から撤去した。それによって約200kgの重量が軽減され、機体はおよそ500から、1000mほど余分に上昇することができるようになった。

本図は、昭和19-20年、日本本土の南岸に展開されていたレーダー警戒網を示している。

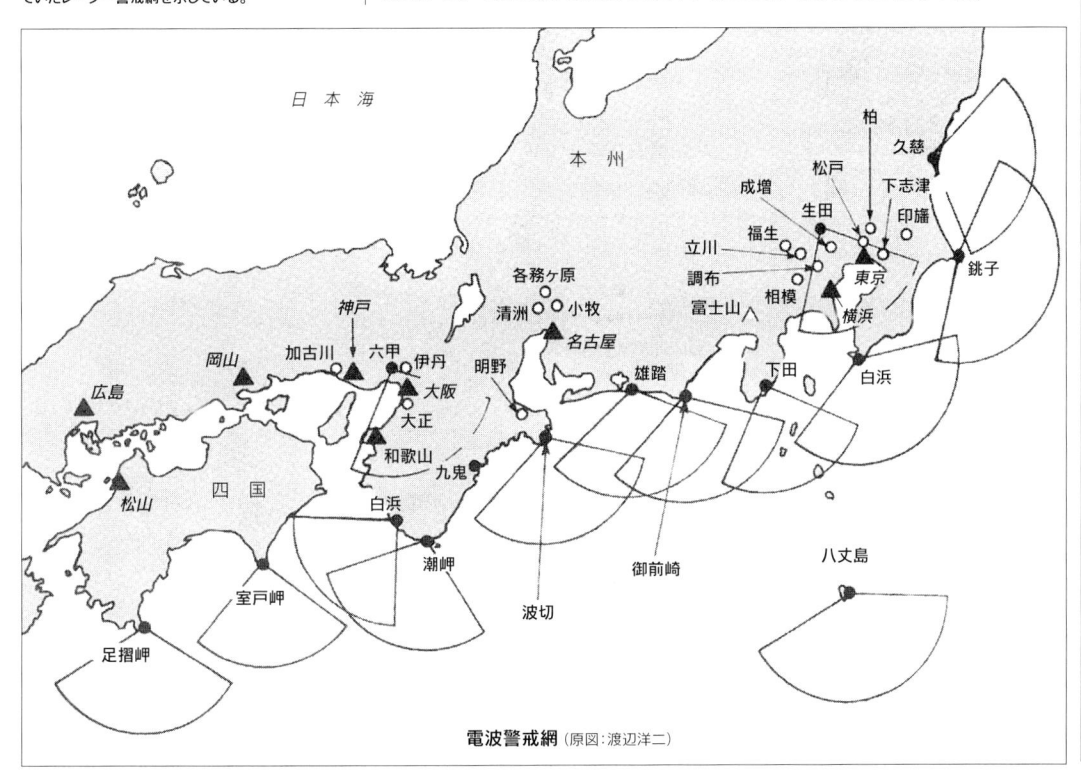

電波警戒網（原図：渡辺洋二）

11月24日、天候はついに好転した。午前6時15分、地上勤務者など兵員は滑走路沿いに並び、B-29、111機からなる空の無敵艦隊の先頭、第497爆撃航空群の「ドーントレス・ドッティ」(42-24592)の離陸に歓声を上げた。2.5トンの汎用爆弾と焼夷弾を搭載した銀色の機体を操縦していたのは第73爆撃航空団の指揮官、エメット・「ロージー」・オドンネル准将だった。

東京では体当たり攻撃を命じられた戦闘機が待機していた。これらの機体の所属は成増の47戦隊と、印旛の23戦隊、柏の70戦隊だった。各戦隊とも鍾馗を配備されていた。日本に向かう米軍機の大群の先頭は複数のF-13であった。小笠原、八丈島の電波警戒機からなる早期警戒網は、ただちに第10飛行師団へ情報を送った。情報は各防空部隊へと転送された。電波警戒機が侵入機を探知してからおよそ85分後、邀撃機は高度をとって位

緊急出動！　昭和19年11月24日、来襲した第73爆撃航空団を迎え撃つため鍾馗に向かって走る47戦隊の操縦者たち。(K Osuo)

40mmホ301自動噴進砲は、数少ない二式単戦二型丙にのみ搭載され対B-29戦に使用された。この独特の自動推進式砲弾には12個の噴射孔があり、高性能炸薬が充塡されていた。40mm砲弾の有効射程はわずか150mだったので、操縦者はB-29の間近まで防御火器の真っただ中を進まなければならなかった。

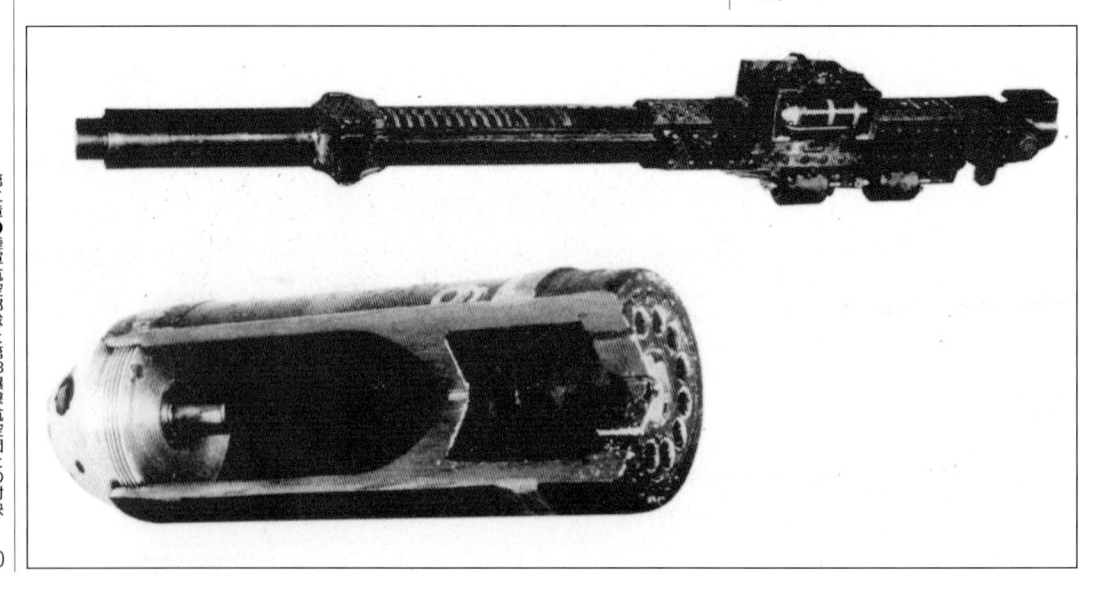

置についた。

　飛来する超空の要塞との初交戦を待つのは日本戦闘機の操縦者にとって楽なことではなかった。高度や編隊はもとより、割り当てられた作戦空域に留まることすらできない者もいた。もっとも大きな障害は高空での驚くほど猛烈なジェット気流であった。これは同様にB-29の動きをも妨げたが、もし機首を風下に向ければ、戦闘機は一切追いつけなくなった。気温はマイナス50度であった。

　しかし何もかもが防御側の飛行士に不利だった訳ではない。B-29は巨大な編隊を組み、決まった針路を進み、爆撃針路に入るや水平直進飛行をせざるを得なかったことが攻撃の機会を増やした。接近はたいがい早期警戒網の電波警戒機に探り出されたので日本軍邀撃機は上昇待機することができた。

　また米軍爆撃機が集合地点へと各個に飛んだことも日本側の助けとなった。ほぼ沿岸に達した時、B-29は旋回しつつ爆撃高度まで上昇、旋回をつづけながら編隊指揮官は信号弾を放ち、爆撃機に戦闘防御編隊を形成させた。

　B-29は目標上空に達するまでに17機が脱落していた。ジェット気流は時速200kmに達し、目標上空は雲に閉ざされていた。武蔵製作所を高度8100mから爆撃できたのはたったの27機で、59機が副次目標を攻撃した。6機は機械的な故障で爆弾を投下することすらできなかった。発動機工場の被害はわずかで、十分に生産を妨げることができなかった。作戦後の評

サム・P・ワーグナー中尉と第497爆撃航空群、第870爆撃飛行隊機の乗員。真ん中で犬とともにいるのがワーグナー中尉である。彼らの機体は11月24日、東京上空で見田義雄伍長機の体当たりを受けた。本機の生存者は左端に立っているウィリアム・ナットラス曹長だけだった。（Nattrass via Curtis）

価によれば、破壊されたのは工場施設の1パーセント以下であった。

　一方47戦隊の部隊長、奥田暢少佐はホ301、40mm自動噴進砲で「大物」を仕留めようとしていた。これは普通の火器ではなく、薬莢のない弾薬に推進薬が充填されている一種の小型ロケット弾であった。発射速度は1分間に450発、有効射程は非常に短く、約150mであった。そして各砲の装弾数はたったの10発だった！　奥田少佐は高度9000mで前上方攻撃を行い、命中を確信した。だが爆撃機はなにごともなかったかのように重々しく進んで行った。

　この作戦で最初に犠牲になったB-29は第497爆撃航空群のサム・ワーグナー中尉の42-24622であった。1機の鍾馗が発砲しながら飛来した時、ワーグナーの「A-26」は編隊の外側を飛んでいた。やってきた47戦隊の見田義雄伍長［第1回の震天制空隊員］は、B-29の.50口径（12.7mm）機関砲をすべて沈黙させた。

　「ハーレーズ・コメット」（42-24616）の尾部射手フレッド・ロドヴィシ伍長は上部砲塔の射手とともに700mの距離から見田機への火蓋を切った。銃弾は接近中の戦闘機に命中したが、阻止することはできなかった。後日、ロドヴィシ伍長は以下のように報告している。

　「奴は26号機の尾部と同高度、こちらからは130ないし180mほど高く飛んできて、右舷射手も同時に発砲をはじめた。敵機は空中でしばらく静止したようになってから尾部を上にひっくり返り、右翼が垂直安定板に当たって空中に跳ね上がり左舷の昇降舵の上に滑り落ちた。そして両機とも墜落していった」

　見田伍長は獲物の右安定板と昇降舵を切断したのである。戦闘機は火の

昭和19年9月、調布飛行場で弾道試験を実施する独飛第17飛行隊の双発機キ46三型乙と、18戦隊の三式戦。(K Osuo)

玉となって墜落。海岸から約30kmの地点に落ちた。超空の要塞は錐揉み状態となり、裏返しになって機首から墜落、生存者はひとりもいなかった。この作戦中、戦闘で失われたもう1機は第499爆撃航空群のB-29、42-24679で［被弾によって?］燃料を失い、不時着水を強いられたが、全乗員12名が救出された。

　日本側は戦闘機5機を喪失した他、9機が損傷した［第10飛行師団は未帰還6機。海軍は零戦海没1機、銀河1機不時着大破］。2機の体当たりが報告されたが、1機は見田伍長、もう1機は独飛17中隊の伊勢主邦中尉（福田兵長・同乗）であった。伊勢中尉の百式司偵は、東京から300km、八丈島の上空で体当たりしたといわれている。この日、B-29と初交戦した244戦隊は撃墜1機［第2中隊の鷲見忠夫曹長］、撃破1機を報じたが、操縦者1名［第1中隊・福元幸夫伍長／九十九里沖］を失った。海軍の第302航空隊は［作戦時のみ］陸軍の防衛総司令部の指揮下で戦ったが、ほとんど戦果をあげることはできなかった。同航空隊のJ2M3雷電48機はB-29の撃破1機を報じただけだったのである。

雀蜂の巣をつつく
Stirring Up the Hornet's Nest

　目標第357号、武蔵製作所は米軍にとって最優先で、できる限り早く撃滅しなければ成らない標的だった。ハンセル准将は東京爆撃は雀蜂の巣をつつくようなものだと思っていた。そして彼の考えが正しかったことが証明された。11月27日、日本軍が報復を試みたのだ。

　海軍の第252航空隊の零戦12機が硫黄島を経由、600海里（約1000km）を飛翔してイスリー飛行場を襲撃したのである。彼らは2機の中島C6N「彩雲」偵察機に先導されていた［第一次御楯特攻隊］。この大胆な奇襲攻撃の指揮官は大村謙次中尉。最後の航程では、彩雲は離脱し零戦は海面から5mの超低空で飛んだ。マツシタ・タケオー飛曹の零戦はプロペラで海面を叩いてしまい、パガン島への不時着を余儀なくされた。

　残った零戦11機はイスリー飛行場上空に出現、地上にいる米軍機を捕捉した。零戦は「スカイスクラッパー」を含むB-29、4機を破壊。この攻撃中、ハンセル准将はジープでイスリー飛行場に向かっていた。まっすぐ向かってくる零戦の恐ろしい姿を見た彼はジープを降り、遮蔽物を求めた。その戦闘機は発砲もせず、彼の頭上を通過し、飛行場に着陸した。ハンセルは日本の搭乗員が機体から降り、射殺されるまで拳銃で飛行場の将兵と戦うのを見て驚愕した。

　この作戦から生還した零戦は1機もなく、ほとんどが飛行場周辺の対空火器で撃墜された。明城哲飛長の零戦はパガン島にたどり着き［252空の零戦は対地攻撃後、パガン島へ帰還することとされていた］、着陸のため主脚を出したところで4機のP-47サンダーボルトに襲われた。第333戦闘飛行隊のジェイムズ・A・ドヨンカー中尉は彼をココナッツの茂みに撃ち落とした。

　日本軍の攻撃はハンセル准将に第73爆撃航空団は正しい道を歩んでいるということを再び確信させた。悪天候が障害になってはいたが、彼は日本への圧力をさらに高めようと決意していた。

　イスリー飛行場へのこの攻撃が行われるまでに、日本軍は東京上空で

B-29に対する高高度邀撃を何度か実施していた。防空戦闘機の操縦者たちは次第に希薄な大気の中での飛行にも慣れ、敵機の出方をも知り、操縦者同士、経験や知識を交換しあっていた。
　一方、三菱の技術者は海軍の雷電のプロペラを幅の広い「櫂(パドル)」型に変更し、高空性能を向上させた。このわずかな改良によって同機の実用上昇限度は1000mも向上した。
　12月3日、86機の超空の要塞がサイパンから東京に向かった。彼らの目標はまた例の発動機工場であった。まるで絵はがきのように美しい雪をいただいた富士山は水平線から突出し、いつに変わらぬ陸標となっていた。
　無線手は狭い通信席で「ラジオ・トウキョウ」の宣伝放送「ヒューマニティ・コール」を聞いていた。娯楽のためではない。ラジオ電波に彼らの無線方向探知機を合わせて、東京に直行しようとしていたのだ。しかし日本軍はそれほど客好きではなかった。空襲警報と同時に放送は突然中断されたのである。
　小林照彦大尉は244戦隊の指揮を任され、24歳で陸軍航空最年少のカリスマ的な戦隊長として帝都防空で重要な役割を果たすことになった。戦隊への着任早々、小林大尉は「戦闘機隊は空中指揮が本来だ。俺に続け！」と部下に訓示したのである。
　244戦隊は「震天制空隊」と名付けられた空対空特攻隊を1944年10月に編成していた［空対空特攻隊は11月7日の第10飛行師団命令によるもの。244戦隊だけでなく、各戦隊4機の特別攻撃隊が編制され、12月5日、第10

美しい富士山は、東京に向かうB-29編隊の天然の陸標として役立った。

244戦隊の戦隊長を命じられた小林照彦大尉は当時24歳、日本陸軍航空でもっとも若い戦隊長だった。機体に描かれたB-29のシルエットはこのキ61を操縦していた者の戦果であった。6つ目の撃墜マークは小林大尉が体当たりで落としたことを示している。(Maru)

昭和19年12月3日、244戦隊の中野松美伍長が東京上空で見せた大手柄を報道する朝日新聞の記事。彼のキ61はチャールズ・フェター中尉のB-29を咬み砕き、水田に不時着した。この記事を書いた記者が詩的想像力をほしいままにしたため、中野伍長はまるでカウボーイのようにB-29の背に乗ったという伝説が作られてしまった。(Y Kumoi)

飛行師団の空対空特攻隊は東久邇宮稔彦王大将によって震天制空隊と名付けられた。244戦隊独自の空対空特攻隊の名称は「はがくれ隊]」。特攻に当たる飛燕の尾翼は赤く塗られ、操縦者の苗字の頭文字が白いカタカナで書きこまれた。操縦者たちは完全装備で戦闘に臨んだ。

12月のこの日、空襲警報は11時45分に発令され空対空特攻隊はその約1時間後に離陸した。まず離陸したのは四宮徹中尉、つづいて板垣政雄伍長、佐藤権之進准尉、中野松美伍長。おそらく生きては帰ってこれぬ操縦者たちは地上勤務者に手を振り、彼らの労をねぎらった。

第73爆撃航空団の幹部将校の何名かはこの空襲への参加を決めていた。先導の爆撃機42-24656（Z-1）を操縦していたのは第500爆撃航空群の指揮官リチャード・キング大佐だった。第73爆撃航空団の作戦参謀長代理のバイロン・ブラッゲ大佐は偵察員を務めていた。正規の操縦者であるロバート・ゴールズワーシー少佐も搭乗していた。

Z-1号機の爆弾投下までもはや数分となった時、第三エンジンから

昭和19年12月3日、ともにB-29への体当たりを敢行した四宮徹中尉と、板垣政雄伍長。四宮中尉は主翼を損傷した機体で帰還、板垣伍長は落下傘降下で生還した。両名とも武功章を授けられた。
(M Katoh)

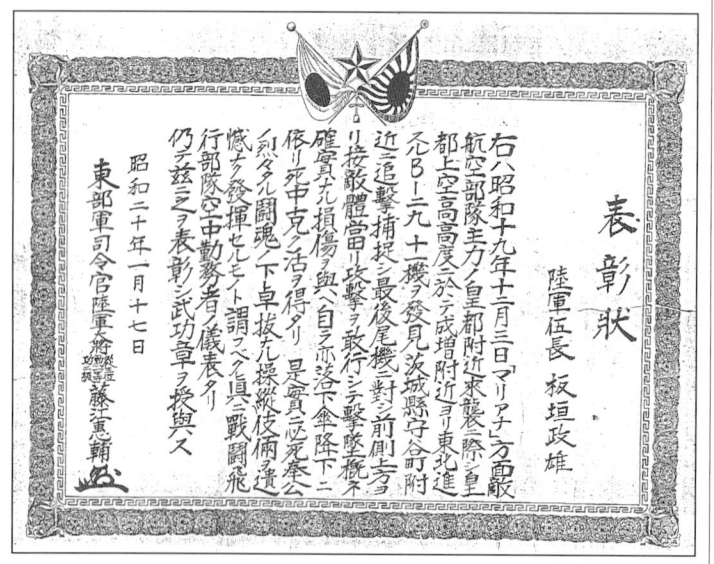

板垣政雄伍長に授与された武功章の勲記。

日本の「メダル・オブ・オーナー、名誉勲章」である武功徽章、甲と乙があった。受勲者の大半がB-29と戦った戦闘機乗りで、またそのほとんどがここに示す乙であった。同徽章はバルサ材の箱[実際は桐箱]に収められ、ほとんどの場合、勲記とともに授けられた。武功章は昭和19年12月7日、裕仁天皇の名のもとに制定され、これは生存している個人の武功は叙勲しないという伝統を破るものであった。同章が制定されるまで、英雄として公認されるのは戦死者だけであった。(via H Sakaida)

千葉県神代村の水田に散乱する、リチャード・キング大佐とバイロン・ブラッゲ大佐が乗っていたB-29、42-24656の残骸の一部。(Y Kumoi)

薄い白煙または水蒸気が漏れ出してきた。エンジンはただちにフェザリング状態［発動機を停止し、プロペラのピッチを高くして前面抵抗を最小限にすること］にされたが速度は低下し同機は編隊の後方に取り残された。ゴールズワーシー少佐は回想する。

「爆弾投下は午後2時頃だった。目標から離れるや否や我々は敵戦闘機に攻撃された。この戦闘で本機はエンジン3基に被弾、操縦索、電気、通信系統も完全にやられてしまっていた。片方の主翼からは炎があがり火災は機内にまで及んでいた。機体は制御できなくなり、我々は高度7800mで脱出を開始した。くっきりとした赤い丸を描いた1機の戦闘機が正面から攻撃をかけてきた。射手が応戦すると戦闘機は発煙、錐揉み状態で落ちていった」

対進攻撃をかけてきた戦闘機の操縦者は小林大尉だった。乗機を撃たれたにもかかわらず、彼は基地にもどり［小林大尉自身は撃墜されたと回想

53戦隊の基地、松戸飛行場でB-29への対進攻撃法を説明する津留正人大尉。彼らの双発戦闘機、屠龍は37mm砲を機首に備え、夜間戦闘機として使用する時の20mm上向き砲を操縦席の後方に搭載していた。(K Osuo)

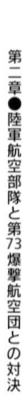

特別進級した244戦隊の四宮徹少佐。彼は昭和20年4月29日、沖縄防衛の神風攻撃で戦死した。(K Osuo)

している]予備機に乗って離陸したが、もはや戦闘には間に合わなかった。その間、ゴールズワーシーのB-29は1ダース以上もの戦闘機に袋だたきにされていた。

落下傘降下した米軍乗員のうち、ウォルター・J・パティクール中尉は落下傘に火がつき墜死、ヘンリー・H・ワード中尉と、カール・T・ウェルズ曹長、ジョン・A・ライト曹長は重傷を負った状態で着地、千葉の陸軍病院へ送られたが翌日死亡した。2月11日、トム・ジオフリー軍曹は東京の陸軍第1臨時病院で餓死、ブラッゲ大佐も後に同じ病院でひどく野蛮な尋問で死に追いやられた。捕まって生き延びたのはゴールズワーシー少佐と、キング大佐、ハロルド・シュレーダー伍長だけだった。

「Z-1号」機が降下しつつあった時、千葉県の松戸上空で53戦隊の沢本政美軍曹の二式複戦に体当たりされた。沢本軍曹は戦死した。

12月3日、陸軍戦闘機の多くが「Z-1号」機の撃墜に狂奔していたとき、244戦隊の空対空特攻隊、三式戦4機は高度9000mまで上昇、単縦陣とな

昭和19年12月3日の空対空特攻で武功章を獲得した中野松美伍長。彼は1月27日にもB-29に体当りし、武功章を二度授与されるという稀な例を作った。彼の撃墜戦果はB-29撃墜3機、撃破1機、F6F撃墜2機というものであった。(K Osuo)

って索敵していた。突如、彼らの無線が鳴った。「小田原上空、くじら（B-29）6機侵入」そのB-29は間もなく1000m下方に見えた。四宮中尉機は急降下に入り、僚機がその後を追った。両操縦者とも心中で速度を計算し、目標の前方を狙い自らと敵機の針路が交差することを望んでいた。中野伍長の最初の突進は失敗に終わった。

「自分は操縦桿を引き、上方からB-29のやや前方を目指した。だが敵機は鼻先をかすめて飛び去って行った。ほぼ同時に自分はB-29のプロペラ後流に巻き込まれ、機体は高度を失い7000mまで下がってしまった。敵機も友軍機も見えなくなっていた。10000mまで高度を回復し敵機を探し続け、しばらくすると12機のB-29が接近中との無線を受信、これが最後の機会だと思った。そこで優位から斜め前方に迫る得意の戦術に切り替えた。そのB-29の高度は9000m、こちらの高度計は9500mを指していた。会心の位置だったが敵編隊の形は前回のものと少し違っていた。4機が前方に並び右後方に3機、左には4機がおり扇形になって残りの1機を取り囲んでいた。その真ん中の1機を狙って突進。凄まじい弾幕に入ったが構わずに前進。やった！と思ったが、しくじった」

体当たりを2回仕損じた中野伍長は速やかに前方に出て、後続していた次の編隊を狙った。彼は体当たりすることはできなかったが、B-29の下方に入った。機首を上げるとプロペラがB-29の垂直安定板を切り刻んだ［中野伍長自身は左の水平尾翼を切り裂いたと証言している］。数分後、そのB-29、第498爆撃航空群のチャールズ・E・フェッター・Jr中尉操縦のT-10、42-24735は編隊から脱落し戦闘機の群れの中に取り残された。中野伍長機は茨城県の水田に不時着することができた。

板垣政雄伍長は、彼自身の鬼気迫る体験を以下のように回想している。
「我々は東京上空高度10250mで炸裂する高射砲弾を見つけた。富士山に向かって飛びながら、やってきた、やってきた！ と思っていた。興奮に胸が高鳴り、敵機がいるに違いない辺りを見上げて捜索した。高射砲兵たちは目標を捕捉しようと無駄な真似をしていたが、自分は敵機がどこにい

るか確信していた。そら、やっぱりあそこにいた！」。　42-24544号機「ロング・ディスタンス」に乗っていた第498爆撃航空群のドン・ダンフォード中尉は高射砲火のなか、爆撃進路に入り水平直進飛行を続けていた。とうとう「爆弾投下！」が発令され7発の500ポンド通常爆弾と3発の500ポンド焼夷弾が東向きに投下された。通信手のドン・M・フレスリー軍曹は対空砲火と、やってくる敵戦闘機の情報をヘッドホンからずっと聞いていた。彼の上部に位置していた射手が12.7mm機関砲を発砲していた。「ハンク、11時から1機、水平に向かってくる。やっつけろ！」戦友に向かって叫ぶ。

　板垣伍長は急激に近づいてくる標的の未来位置に向かって発砲しようと速度を計算していた。

　「接近し、発射ボタンを押したが、砲は作動しなかった！　自分の砲に罵声を浴びせ、腕を伸ばし必死で故障を排除しようと試みた。目を上げた時、眼前に巨大なB-29が立ちはだかっていた」

　板垣伍長は操縦桿をぐいっと引っ張ったが間に合わなかった。窓のない小部屋にいたフレスリー軍曹は肝を潰すような衝撃を感じ、その直後、ものすごい振動が起こった。何かが機体に激しく衝突したのだ。「わたしが覚えているのは、もうお終いだと思ったことだ。うろたえながらヘッドホンから何かよい知らせがないかと待った」と、彼は回想している。

　尾翼を赤く塗った三式戦はすれすれのところで射手がまき散らしていた砲弾から身をそらした。板垣機はわずか数センチの差で胴体には当たらなかったが、左翼の第3エンジンを真っ二つに切り裂いた。三式戦は錐揉み状態で尾部射手のすぐそばを通り傷ついた爆撃機の後方に去って行った。破片の一部は右舷の射手席風防を強打したため急激に気圧が低下、酸素マスクのパイプも切断された。射手は前方に倒れ意識を失った。

第498爆撃航空群、第875爆撃飛行隊の「ロング・ディスタンス」。同機は東京上空で板垣政雄伍長機に体当たりされたが生還できた。

「オクラホマシティ・タイムズ」紙の記事に掲載された板垣機の体当たりで損傷した「ロング・ディスタンス」の写真。〔記事の内容：日本機に体当たりされたオクラホマ出身者が乗るB-29。12月3日、日本空襲の帰途、体当たりを試みた日本戦闘機に傷つけられたエンジンを調べるサイパン島のB-29乗員たち。うち1名はオクラホマ出身で、もう1名の妻はオクラホマシティに居住している。ひざまずいているのはジョーゼフ・C・クック伍長、テイジャンガ、カリフォルニア州、射手。立っているのは左から右へ、ドナルド・J・ダッフォード中尉、グランド・ジャンクション、コロラド州、機長。ドライトン・K・フィンニー中尉、マイルズ、オハイヨ州、航法士、彼の妻は709 NW 33に居住。ジョージ・P・マクグロウ伍長、タイツヴィル、ペンシルヴァニア州、射手。ロバート・H・ジェイ軍曹、ホブスン、モンタナ州、射手。ドン・M・フレンスリー軍曹、ダンカン、オクラホマ州、無線手。ロジャー・S・コルブ中尉、スペンサー、インディアナ州、航空機関士。R・V・レーナー軍曹、グローズベック、テキサス州、射手。サルヴァトーレ・A・タルタゴリーヌ軍曹、ニューヨーク、中央火器管制手（電送写真）。〕

Oklahomans Aboard Jap-Rammed B-29

Crew members of a B-29 based on Saipan island examine an engine of their ship damaged when a Jap fighter plane tried to ram it on its return from a raid on Japan December 3. One is an Oklahoman, and the wife of another lives in Oklahoma City. Kneeling is Cpl. Joseph C. Cook, Tajunga, Calif., gunner. Standing, left to right: Lieut. Donald J. Dufford, Grand Junction, Colo., plane commander; Lieut. Drayton K. Finney, Miles, Ohio, navigator, whose wife livse at 709 NW 33; Cpl. George P. McGraw, Titusville, Pa., gunner; Sgt. Robert H. Jay, Hobson, Mont., gunner; Sgt. Don M. Frensley, Duncan, Okla., radio operator; Lieut. Roger S. Kolb, Spencer, Ind., flight engineer; Sgt. R. V. Ralner, Groesbeck, Texas, gunner, and Sgt. Salvatore A. Tartaglione, New York, central fire control gunner. (Wirephoto.)

　板垣伍長は操縦席から弾き出された。「自分の戦闘機はB-29に激突、その勢いで外に放り出され落下傘が開いた。そして無傷で田んぼに着地するまでぐるぐる回りつづけた」と、彼は回想している。

　「ロング・ディスタンス」の乗員たちは大わらわであった。無線手のサルバトーレ・タルタゴリーネ軍曹は右舷射手の救援に駆けつけた。彼は破片が飛び散る中、射手に自分の酸素マスクを当てた。突如、サルバトーレは酸素不足で気が遠くなり始めた。すぐに左舷射手が駆けつけ自分の酸素マスクで彼を救った。その間、尾部射手と、中央射撃管制手は敵機を寄せ付けなかった。その名にふさわしく「ロング・ディスタンス」（長距離）は全航程をまっとうし基地に帰り着いた。

　震天制空隊の闘志は中野松美伍長による戦後の回想から窺い知ることができる。「やり方なんて教えられるものじゃないし、教わったからといってうまくやれるもんでもない。操縦者が自分で編み出すしかなかったと思う。自分の戦法は、とにかく度胸ひとつで敵機に接近して、撃墜するためには命を張って体当たりも辞せずってことかな。B-29の大編隊からものすごい火力を集中されて恐怖を感じたこともたびたびあったが、途中で逃げようとすれば、かえって防御砲火の餌食になる。命が惜しくない者はいない。だが戦闘は命の奪い合いだ。捨て身で敵に立ち向かう者が勝ちを収め

東京の三越百貨店に展示される12月3日に中野松美伍長が操縦していた飛燕。244戦隊のB-29に対する大活躍は大々的に報道された。(S Hayashi)

るんだと思っている」

　12月3日、70戦隊の二式単戦は伊豆半島の北、御殿場上空で旋回していた。追跡中、ジェット気流が彼らを東に流してしまったが、満洲上空でB-29と戦ったことのある平塚賢一准尉はB-29は投弾後、高度を落とすだろうと思っていた。その通りになった。彼は高度7000mを単機飛行中のB-29を発見、前上方からの対進攻撃にかかった。超空の要塞は右翼内側のエンジンから炎を噴出、針路は左に曲がってしまったが平塚機を遠く後方に振り切ることができた。

東京銀座の松屋デパートに昭和20年の1月末まで展示されていた四宮徹中尉の飛燕。破損した左翼の様子に注目。(S Hayashi)

その頃、47戦隊の二式単戦8機は東京北西の高度9000mで8機編隊に対して次から次へと攻撃を繰り返していた。2機の爆撃機が煙の尾を曳いていたが、墜落はしなかった。11月24日、第73爆撃航空群のB-29に対して第一発を放った清水淳大尉は編隊を離れて自分の獲物を求めた。彼は1機の超空の要塞を射撃、黒煙を噴出させたが同機の射手の反撃で数発被弾させられた。

　一方、中野伍長の体当たりで損傷させられたフェター中尉の「T-10」は、飛び続けることも困難になった上、さらなる災難に見舞われつつあった。244戦隊の小松豊久大尉は、東京湾上空で、海軍戦闘機が群がっていたこの傷ついた爆撃機に一撃を加えた。1943年にラバウルで戦った古参の中村佳雄上飛曹は雷電で銚子沖を高度10000mで飛んでいた。ひどい向かい風の中、彼は1000m下方から単機接近中のB-29を発見した。反航戦［陸軍では対進攻撃という］を挑むと爆撃機は炎上、乗員は落下傘降下した。

　別の海軍搭乗員、杉滝巧上飛曹（翔鶴乗り組みを経てラバウルで戦った）は同じ空域で単機飛行中のB-29を攻撃、そして30mm機関銃［302空には二式30mm機関銃装備の雷電二一型が2機あった］の射撃で機体を3つに切り裂いた。「右翼全体から燃料が噴出しているのが見えた」と杉滝上飛曹は回想している。乗員のうち幾人かは落下傘降下した。上記の海軍戦闘機2機、陸軍戦闘機1機は揃って同じB-29、「T-10」と交戦したとも考えられる。

　第10号作戦の損失は第73爆撃航空団のB-29、5機（うち4機は海に落ちた）と、第500爆撃航空群の指揮官であった。B-29の射手たちは撃墜10機を主張しているが、さらに13機のB-29が損傷を受けていた。第10飛行師団はB-29の撃墜5機（うち4機は体当たりによる）を報じ、6機を失っていた［海軍の302空もB-29撃墜6機を報じている。損害は喪失2機、大破1機］。武蔵製作所はまたも破壊を免れた。

12月22日
22 December 1944

　第14号作戦は名古屋上空でB-29の編隊が大混乱に陥ったことで知られている。第一攻撃目標は航空発動機を造っていた三菱発動機製作所であった。これは日本でもっとも大きな二つの工場のひとつで全航空発動機の40パーセントを生産、9つの航空機組立工場を擁していると見られていた。この昼間焼夷弾爆撃に向かって78機が離陸、それぞれ2.75トンのM-76油脂焼夷弾を搭載していた。

　目標まであとおよそ1時間というところで第498爆撃航空群の強力な9機編隊から4機が故障のため脱落、中途で帰還していった。同じ頃、作戦指揮官機は落伍機が追いついてこられるよう2回旋回したが、連絡がうまくゆかず、彼の編隊はばらばらになってしまった。目標上空についてみれば厚い雲のためB-29は精度の悪いレーダー照準で爆撃することになり、爆弾は目標から64kmも左にそれてしまった。

　第11飛行師団（独飛第16中隊、56戦隊）と明野教導飛行師団の戦闘機が米軍を待ち受けていた。目標は名古屋らしいという電波警戒機による情報が初期の段階で東京に届いたため、独飛第17中隊と、244戦隊にも出動命令が下った。東京郊外の調布に基地を構える後者は渥美半島上空からやってくる超空の要塞を出迎えるため南西へと250kmも飛ばなくてはならな

暖気運転中の独飛第16中隊のキ46三型乙「防空戦闘機」。本機は日本陸軍のもっとも優れた高度偵察機であり、機首に20mm機関砲2門を搭載されB-29の邀撃に参加したが、上昇力が不十分だったため、戦果はふるわなかった。(K Osuo)

かった［244戦隊は浜松上空で待機していた］。つづく空戦で飛燕の操縦者はB-29の撃墜2機、撃破1機を報じた。

　次いで56戦隊の三式戦がB-29を仕留める番がきた。最近の邀撃作戦で飛燕は高度9000m以上では酸素吸入装置の不備、またひどい寒さのため機関砲が故障し、操縦桿の滑油が凝固してしまうという欠点が明らかになっていた。いくらかでも機動性能を上げるため、20mm機関砲と防盾（防弾鋼板）を撤去することになった。また戦隊長、古川治良少佐は戦法として、要地上空に待機して前方攻撃を指向する一突進だけがB-29に損害を与えうるただひとつの攻撃方向であるとの結論に達していた。彼の部下たちは体当たりも敢えて辞せずという覚悟をしていた。

「武運を祈る！」出動に際して戦友の見送りを受ける独飛第16中隊の武装司偵。(K Osuo)

昭和19年12月18日、伊丹飛行場で飛燕の列線に走る56戦隊の操縦者たち。その日、名古屋を襲った第73爆撃航空団が目標上空で失ったB-29はたったの1機で、さらに2機が帰途、海上に着水した。(K Osuo)

あらゆる方向からあまりにも多くの爆撃機が飛来したため鷲見忠夫曹長［244戦隊から転属］は名古屋を守るため、せっぱ詰まった思いであった。歩兵から航空に転科した彼は以後、本土防空戦で名を成すことになる。彼の小隊、真下静作軍曹、日高康治伍長、宮本幸夫伍長は13時36分、名古屋市東方、高度9500mでB-29、5機からなる編隊にまず遭遇した。4機の三式戦は攻撃、1機を撃破し、編隊の針路を変えさせた。6分後さらに6機の超空の要塞を攻撃、1機撃墜を報じた。

レーダーを使って第一攻撃目標に投弾できたのはたったの48機、さらに14機が副次目標に投弾した。ひどく散らばっていた編隊は少なくとも延べ508機／回にわたる日本戦闘機の攻撃を受けた。

第497爆撃航空群ハワード・クリフォード大尉操縦の「ザ・ドラゴンレディ」（42-63425）は、目標上空で体当たりされ尾翼の上部を切断された。

244戦隊時代、三式戦の操縦席に座る鷲見忠夫曹長。(K Osuo)

新たに授けられた武功徽章甲を佩用する鷲見忠夫曹長。彼は高名な対B-29戦の専門家で、撃墜5機、撃破4機を報じている他、終戦までにP-51も1機撃墜している。

だが同機はどうにかサイパンまで帰ることができた。
　独飛第17中隊の小林軍曹は駿河湾を西方から横切ってくるB-29の編隊を発見、彼は編隊の上方に回り込むため、双発のキ46三型乙「防空戦闘機」で注意深く機動した。
　腹中で双方の速度を計算しつつ前進、50kgの空対空白燐クラスター爆弾［「タ」弾］を投下した。爆発は壮観だったがB-29は落ちなかった。とはいえ爆風で油圧と電気系統が破壊されてしまったため主脚が降りてしまった。偵察席に座っていた高橋光国中尉は脚を出したB-29を撮影することができた。その爆撃機は南に旋回して飛び去っていった。
　その日、陸軍航空部隊は4機を失ったものの全部でB-29の撃墜16機、撃破25機を報じた。操縦者3名が体当たりで戦死、56戦隊の小合節夫伍長は浜松方面から西進してきたB-29、10機編隊に対し肉薄攻撃を敢行して撃墜されて戦死した。B-29の射手たちは撃墜9機、不確実17機、撃破5機を報じている。
　第73爆撃航空団の第497爆撃航空群のB-29は2機が着水「ニュー・グローリー」（42-24756）は目標への途上で、そして42-24733号機は帰途に不時着水した。本土上空で失われた機体はなかった。もう1機のB-29はひど

第497爆撃航空群、第871爆撃飛行隊の「ザ・ドラゴン・レディ」は日本機に尾翼を切断されたが、乗員は機体をいたわりながら基地まで飛んで帰ってきた。その後、本機は戦後まで生き延びた。

い損傷を受けて基地に帰ったが、以後、練習機にされ二度と実戦で使われることはなかった。

　古川少佐は第73爆撃航空団の名古屋攻撃を「高高度からの投弾であったにもかかわらずB-29の爆撃は非常に正確で、黒煙が空高く立ち上り、火災が猛々しい勢いで広がってゆくのが見えた」と評価している。

昭和19年12月27日
27 December 1944

地図を指さしながら、56戦隊の戦隊長、古川治良少佐に自分の行動を報告する緒方醇一大尉。昭和19年12月22日の名古屋夜間邀撃から帰還したばかりである。緒方大尉と古川少佐の間に戦隊随一のB-29ハンター、鷲見曹長が見える。(K Takai)

昭和19年が暮れる前に第73爆撃航空団は再び、まるで破壊不能にも思え

る中島飛行機武蔵製作所への攻撃を試みた。同製作所は何度襲われても、ほとんど無傷でハンセル准将を冷やかしあざ笑っているかのようであった。作戦第16号は12月27日に予定され、昭和19年度における最後のB-29による昼間爆撃となった。

　72機の超空の要塞がサイパンを離陸、東京に向かって重々しく飛び去って行った。B-29、42-24613号機は離陸直後にエンジン2基を失い、サイパンとテニアン間の海に墜落、乗員で助かったのは3名だけだった。第一攻撃目標に投弾できたのは39機、だが猛烈なジェット気流の影響で照準は不正確で目標はふたたび命拾いした。

　陸軍航空部隊の28、53、70、244戦隊が侵入者を待ち受け、海軍203空も零戦4機、中島J1N1-S月光8機、横須賀D4Y2彗星夜戦6機と、1機の横須賀P1Y2銀河を離陸させていた。B-29の乗員は併せて延べ272機／回の日本戦闘機による攻撃を記録している。

　この作戦で両軍にとって、もっとも英雄的な逸話は第498爆撃航空群の「アンクルトムズ・キャビンNo.2」（42-24642）に対する空対空特攻であろう。この空中決闘は幾千もの東京市民と、助けることもかなわず苦悶に身を揉む多くのB-29乗員によって目撃された。「アンクルトムズ・キャビンNo.2」を操縦していたのは、同機の正規操縦者が前日にジープの事故で怪我をしたため欠員補充のため乗り込んだ飛行隊の作戦将校ジョン・クローズ少佐だった。9機編隊の第3小隊を率いていた同機に災難が降りかかったのは投弾1分後である。

　244戦隊の白井長雄大尉は3機の三式戦を率いて大月上空で東に向かって飛ぶB-29の9機編隊を攻撃したが戦果はあげられなかった。市川忠一中尉の3機編隊も同じB-29編隊を襲い2機を損傷させた。そのうちの1機が「アンクルトムズ・キャビンNo.2」であった。1機の飛燕がウォルト・シャレルズ中尉の「サザンベル」（42-63478）に45度の角度で降下突進してきたがシャレルズ中尉が機首を上げたためか、ぎりぎりのところで後方へ抜けていった。一瞬の後、後部射手が「なんてこった！　野郎め、クローズ少佐機にぶつかった！」と叫んだ。

　日本側の目撃証言によれば、244戦隊の吉田竹雄曹長がクローズ少佐の「T-25」号機の右側に突き当たり、第三エンジンをもぎ取り機体を大きく抉ったという。この攻撃は前方からではなく、後上方から行われたものであった。機体の破片と内部の機器が爆撃機から吹き飛ばされ、突然、機内の気圧が下がった。吉田曹長の落下傘は開かず、彼の遺体は東京都の中野区で発見された。いずれにせよ曹長は爆撃機に当たった衝撃ですでに戦死していたに違いない。

　B-29の編隊がすでに爆撃針路に入っていたため、他の爆撃機は編

第498爆撃航空群、第874爆撃飛行隊の「アンクルトムズ・キャビンNo.2」は以前に機首部分を損傷、その後修理したのでNo.2と呼ばれるようになった。昭和19年12月27日、本機は二度体当たりされたあげ句、日本戦闘機の大群に包囲された。(Josh Curtis)

244戦隊の空対空特攻隊「はがくれ隊」、昭和19年11月の撮影。左から、四宮徹中尉、板垣政雄伍長、吉田竹雄曹長、阿部伍長。(I Shinomiya)

隊を崩して傷ついた仲間を掩護する位置には入れなかった。クローズ機は激しく発煙しつつ、射手たちは群がる日本戦闘機と猛烈と撃ちあっていた。同機は錐揉みに入ってしまったが、高度6000mで姿勢を水平に立て直し上空を飛ぶ飛行隊と針路をともにした。日本戦闘機は落とさぬではおかぬと、次から次へと襲いかかってきた。53戦隊の松田利夫少尉は100m下方から二式複戦の上向き砲の全弾200発を浴びせかけてきた。このB-29は黒煙を曳きながらふたたび高度を失いはじめ、今度は海軍の戦闘機が攻撃をはじめたが、この不死身の獣を仕留めることはできなかった。

53戦隊の渡辺泰男少尉は双発の二式複戦でこの空飛ぶ残骸に狙いをつけていた。敵編隊の下方に抜けて加速した彼は機首を上げ左翼内側のエンジンに体当たりした。渡辺少尉のキ45は火だるまとなって荒川の鉄道橋付近に墜落、彼は戦死した〔渡辺少尉機は立川上空9500mを東進中のB-29、60機編隊のうち1機に体当たりしたとされている〕。

「アンクルトムズ・キャビンNo.2」は圧倒的な敵機との戦いにとうとう破れ、東京湾に墜落した。ウィリアム・H・ウォーカー少佐(第73爆撃航空団本部作戦将校)、スタンリー・J・リバイキー少尉(爆撃手)、リチャード・R・サンドリン伍長の3名が海に落下傘降下し漁師に救助された。彼らは大森の捕虜収容所で生き延びたが、ウォーカー少佐だけは脚気のため解放から2日後の8月30日に病院船で死亡した。同機のタイヤなどの部品は湾から引き上げられ2月1日から20日にかけて東京の日比谷公園に展示された。

他の爆撃機の乗員はクローズ少佐機の射手たちは3機の体当たりを受けつつも、少なくとも日本戦闘機9機を撃墜したと報告している。両軍報告はどちらも戦闘の熱狂のなかで大きな誤りを犯している。実際に同機へ体

カラー塗装図
colour plates

解説は119頁から

1
二式単座戦闘機（キ44）「鍾馗」二型乙　昭和19年10月　調布飛行場　飛行第47戦隊第3中隊

2
三式戦闘機（キ61）「飛燕」一型　昭和19年11月　調布飛行場　飛行第244戦隊第2中隊　鷲見忠夫曹長

3
二式複座戦闘機（キ45改）「屠龍」　昭和19年11月　松戸飛行場　飛行第53戦隊第3中隊　根岸延次軍曹

4
二式単座戦闘機（キ44）「鍾馗」二型乙　昭和19年暮れ　成増飛行場　飛行第47戦隊震天制空隊　坂本勇曹長

5
百式司令部偵察機（キ46）三型改　昭和19年12月　大正飛行場　独立飛行第16中隊

6
キ46三型改「防空戦闘機（武装司偵）」　昭和19年12月　調布飛行場　独立飛行第17中隊

7
キ46三型改「防空戦闘機(武装司偵)」 昭和19年12月 東金飛行場 飛行第28戦隊 北川鉞夫軍曹

8
二式複座戦闘機(キ45改)「屠龍」甲 昭和19年暮れ 小月飛行場 飛行第4戦隊第2中隊 樫出勇中尉

9
三式戦闘機(キ61)「飛燕」一型丁 昭和19年12月 調布飛行場 飛行第244戦隊震天制空隊 四宮徹中尉

10
三式戦闘機（キ61）「飛燕」一型丙　機体番号3024　昭和20年1月　調布飛行場
飛行第244戦隊　小林照彦大尉

11
三式戦闘機（キ61）「飛燕」一型丁　機体番号3295　昭和20年1月　調布飛行場
飛行第244戦隊戦隊長　小林照彦大尉

12
三式戦闘機（キ61）「飛燕」一型丁　昭和20年1月　調布飛行場
飛行第244戦隊本部小隊　安藤喜良軍曹

13
三式戦闘機（キ61）「飛燕」一型丁　昭和20年1月　調布飛行場　飛行第244戦隊　板垣政雄軍曹

14
三式戦闘機（キ61）「飛燕」一型丙　昭和20年1月　柏飛行場　飛行第18戦隊第6震天制空隊　小宅光男中尉

15
四式戦闘機（キ84）「疾風」甲　昭和20年1月　伊丹飛行場　飛行第103戦隊第3中隊　宮本林泰中尉

16
二式複座戦闘機（キ45改）「屠龍」　昭和20年1月　小月飛行場　飛行第4戦隊第2中隊　木村定光准尉

17
二式複座戦闘機（キ45改）「屠龍」　昭和20年2月　松戸飛行場　第53戦隊震天制空隊

18
四式戦闘機（キ84）「疾風」甲　昭和20年2月　下館飛行場　飛行第51戦隊　池田忠雄大尉

19
三式戦闘機（キ61）「飛燕」一型丙　1945年3月　横芝飛行場　第39教育飛行隊　田畑巖曹長

20
三式戦闘機（キ61）「飛燕」一型丁　昭和20年3月　伊丹飛行場　飛行第56戦隊

21
二式複座戦闘機（キ45改）「屠龍」甲　昭和20年3月　清州飛行場　飛行第5戦隊第3中隊長　伊藤藤太郎大尉

22
三式戦闘機（キ61）「飛燕」一型丁　昭和20年3月下旬　佐野飛行場　飛行第55戦隊

23
三式戦闘機（キ61）「飛燕」一型丁　昭和20年4月　調布飛行場　飛行第244戦隊長　小林照彦大尉

24
三式戦闘機（キ61）「飛燕」一型丁　機体番号3024　昭和20年4月　調布飛行場　飛行第244戦隊長　小林照彦大尉

25
二式複座戦闘機（キ45改）「屠龍」丙　昭和20年4月　小月飛行場　飛行第4戦隊回天隊　山本三男中尉

26
四式戦闘機（キ84）「疾風」甲　昭和20年5月　福生飛行場　陸軍航空審査部　佐々木勇曹長

27
五式戦闘機（キ100）一型乙　昭和20年5月　芦屋飛行場　飛行第59戦隊

28
五式戦闘機（キ100）一型乙　昭和20年6月　清州飛行場　飛行第5戦隊

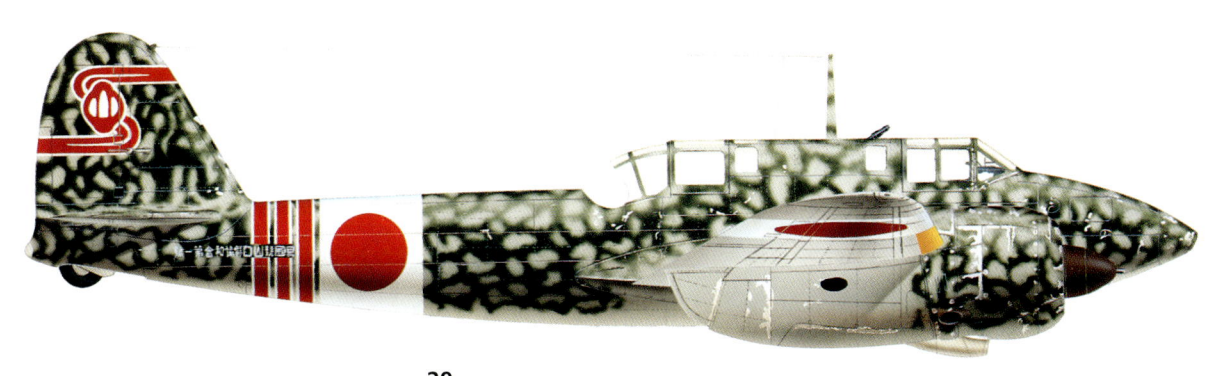

29
二式複座戦闘機（キ45改）「屠龍」　昭和20年6月　小月飛行場　飛行第4戦隊第2中隊　西尾半之進中尉

30
二式単座戦闘機（キ44）二型丙　昭和20年6月　柏飛行場　飛行第70戦隊第3中隊　吉田好雄大尉

31
四式戦闘機（キ84）甲「疾風」　昭和20年7月　大正飛行場　飛行第246戦隊　藤本研二准尉

32
二式戦闘機（キ44）二型丙　昭和20年6月　柏飛行場　飛行第70戦隊第3中隊　小川誠少尉

33
五式戦闘機（キ100）一型甲　昭和20年8月　芦屋飛行場　59戦隊第3中隊長　緒方尚行中尉

34
三式戦闘機（キ61）「飛燕」一型丁　1945年8月　調布飛行場　飛行第244戦隊

塗装図1の尾翼
二式単座戦闘機（キ44）「鍾馗」二型乙　昭和19年10月
調布飛行場　飛行第47戦隊第3中隊
戦隊マークは図案化された数字の「47」である

塗装図5の尾翼
百式司令部偵察機（キ46）三型改　昭和19年12月
大正飛行場　独立飛行第16中隊

塗装図19の尾翼
三式戦闘機（キ61）「飛燕」一型丙　昭和20年3月
横芝飛行場　第39教育飛行隊　田畑巌曹長

塗装図34の尾翼
三式戦闘機（キ61）「飛燕」一型丁　1945年8月
調布飛行場　飛行第244戦隊

撃墜マークと部隊標識

1
エンジンと翼が尖ったB-29の青いシルエット。これは18戦隊の三式戦、ナカムラ・タケシ少尉機に描かれていた。協同撃墜を示すもので、彼の機体に描かれていた唯一の撃墜マークであった。

2
B-29の赤いシルエット［戦隊本部の撃墜マーク］。これは昭和19～20年、244戦隊の小林大尉が使っていた複数の三式戦に描かれていた。戦隊長になってから、彼は頻繁に乗機を換えたが、そのつど、新しい機体に撃墜マークが描き写された。

3
244戦隊の鈴木正一伍長のキ61飛燕にあった図案化された流れ星［第3中隊・みかづき隊の撃墜マーク］。彼は昭和20年2月16日に（おそらく、このマーキングを施した戦闘機に乗って）撃墜されて戦死した。鈴木伍長はB-29撃墜3機、撃破1機を報じている。

4
大きく翼を広げた黒い鷲、足元にはB-29の文字がある。昭和19～20年、70戦隊の小川誠准尉の使い込まれたキ44には、彼の鍾馗での戦功を示すこのマークが少なくとも6つ描き込まれていた。

5
白い撃墜マーク。これも小林大尉の撃墜マークで、戦闘機のシルエットはF6Fを示している。彼の乗機であったキ61に描き込まれていた撃墜マークはすべて彼の戦果というわけではなかった！　描き込まれている撃墜マークは、誰であれ、この特定の機体を使って落とした戦果なのである。

6
黒の地に図案化された白い鷲。これは55戦隊の三式戦、エンダ・ミホ少尉が使っていた機体に描かれていた。このマークは彼が昭和19年12月18日に報じた戦果を示している。

7
横に「12.18」と描き込まれた赤い鷲のシルエット。これは55戦隊の飛燕の撃墜マークで、「12.18」はそれが昭和19年12月18日に報じられた戦果であることを示している。本機によく乗っていたのは安達武夫少尉だが、彼がこの撃墜戦果をあげたのかどうかはわからない。当時、操縦者は自分固有の機体をもっていたわけではなく、その時、使える状態にあった機体を使っていたからだ。

8
赤いB-29のシルエットに交差する黒い飛燕のシルエット。これは昭和20年1月27日に小林照彦大尉が体当たりによって報じた撃墜戦果を表している。その戦果は該当機による6機目の戦果であったが、衝突によって機体そのものも失われている。

9
図案化された黄色い鷲の翼にB-29の文字が書き加えられている。これは70戦隊の吉田好雄大尉の戦果を示す撃墜マークで、彼のキ44には6つが描かれていた。各マークには赤枠をつけた注記があり、たとえばこの例では「20-4-13吉田大尉」と記入されている。図案化された翼の撃墜マークは、伝説的なエース、加藤建夫中佐が中国で戦っていた際に用いていた。彼は64戦隊のキ10九五式戦闘機にそれを描いていた。

10
右翼の折れた白いB-29のシルエット。これは撃墜マークではなく、4戦隊の空対空特攻隊である「回天隊」の部隊標識であった。このマークをつけた二式複戦に乗っていた山本三男三郎少尉は昭和20年4月18日、福岡県で体当たり戦死した。黒枠の中の漢字は「回天隊」と読める。

11
小さな日の丸［第1中隊、そよかぜ隊の撃墜マーク］。244戦隊の前田滋少尉の撃墜マークである。同じく244戦隊の小原伝（つとう）大尉も同じ撃墜マークを用いていた。ただし、小原大尉が入れていた撃墜マークがB-29を示すものなのか、戦闘機を示すものなのかは不明。

12
［戦後に撮影された］小林大尉または、市川大尉機［と、されてきた飛燕］に描かれていた緑色のクローバー［塗装図34の解説を参照］。

東京湾に向かって墜落してゆくところを撮影された「アンクルトムズ・キャビンNo.2」の死の瞬間。落下傘降下して助かったのはわずか3名だった。

「アンクルトムズ・キャビンNo.2」が海中に突入した場所を示す黒煙の柱が東京湾から立ち昇っている。

乗員3名とともに「アンクルトムズ・キャビンNo.2」の浮遊物のひとつとして漁師が引き上げたタイヤ。

当たりをしたのは2機で、3機ではないし、射手たちも9機は撃墜していない。クローズ少佐は名誉勲章の叙勲候補にあげられたが、彼の部下のひとりの父親が、もし少佐が最高位の勲章に値するなら、ともに戦った全員が叙勲されるべきではないかとの苦言を呈した。クローズ少佐はまず銀星勲章を授けられ、次いでそれは米国の勲章のうちで2番目に高位の特別殊勲章に格上げされた。

　この作戦で失われた3番目のB-29は第498爆撃航空群の「ヒーツワン」（42-24605）であった。同機は故障のため帰途、着水を余儀なくされ助かったのは乗員のうち4名だけ、ジョゼフ・M・グレス中尉（操縦士）、ロバート・L・ルーケル少尉（副操縦士）、ラルフ・W・メンクス少尉（航法士）、ワレン・L・ハンセン少尉（航空機関士）であった。彼らは12月28日の20時10分、サイパン沖290km地点で米海軍の駆逐艦ファニングに救助された。

　日本軍の記録によれば、B-29との交戦で4機が失われ、うち2機が体当たりしたとされている。陸軍航空部隊はB-29撃墜5機、不確実5機、撃破25機を報じている。海軍戦闘機も何機かの戦果を報告しているが、彼らの戦果はすべて「アンクルトムズ・キャビンNo.2」に対するものであった。日本海軍は1機も失っていない。

▌昭和20年1月3日
3 January 1945

　昭和20年（1945年）最初の空襲は作戦第17号で、1月3日に実施された。第73爆撃航空団は何度も襲ったにもかかわらず、未だ目標第357号、中島

昭和20年東京の日比谷公園に展示された中野松美伍長の飛燕とB-29の実物大断面図。写真の右下に見える首脚のタイヤと補助燃料タンクは「アンクルトムズ・キャビンNo.2」のものである。

飛行機武蔵製作所を破壊していなかったが、第20航空軍はしばし同目標から離れて名古屋への試験的な攻撃を行うことになった。精密爆撃がうまくゆかないなら、その地域全体を燃やしてしまえばいいと考えられたのである。日本軍の兵器は住宅地域に混在している多くの家内制工業的な下請けによって造られた部品で構成されており、数百にものぼる中小企業が大きな工場に資材を送り込んでいるのである。もし大きな工場が破壊できないなら周辺の下請け工場を壊滅させてしまえばいい。

各機は高度2400mでばらばらに分離するように造られた親子型のM-69焼夷弾14発を搭載した。広い地域を火の海にするのが目的であった。日本の家屋は木造である上、密集して建てられているのでまったく火災には弱かった。

作戦は97機の爆撃機の離陸から始まった。第498爆撃航空群の42-24748は原因不明のままマリアナ諸島の火山島アナタハンの近くに墜落、乗員は全員が戦死した。往路、さらに18機が落伍して中途で基地に帰って行った。

本土への接近が露見するや第11飛行師団に警報が入った。邀撃のため三式戦装備の戦隊ふたつがただちに出動した。55戦隊は小牧から、56戦隊は大阪北部の伊丹から離陸した。さらに海軍の第210航空隊も名古屋郊外の明治基地から零戦12機と、月光6機、彗星夜戦9機を出動させた。

57機が第一目標に投弾する一方、21機が第二目標に投弾した。全体的にいって焼夷弾攻撃は非常にうまくいった。日本戦闘機は346機／回にわたって攻撃してきたと記録されている。

第500爆撃航空群、ウィルバー・「バーニー」・ハールバット少佐操縦の「リーディング・レディ」(42-24766)は、名古屋南東の岡崎上空で機首と

熊の「ガーティー」、横にいるのは操縦のハップ・グッド大尉(左)と、レーダー手のカール・ヴァージン軍曹(右)。ガーティーは乗員たちに飼われているヒマラヤ熊の子供だ。ガーティーは第468爆撃航空群のB-29、ハップズ・キャラクターズで三度、日本への爆撃に同行した。戦後、密かに合衆国につれて帰られたガーティーはやがてサンフランシスコ動物園に引き取られ、1965年まで生きていた。

ウィルバー・「バーニー」・ハールバット少佐（左からふたり目）は第500爆撃航空群、第882爆撃飛行隊の「ザ・リーディング・レディ」の操縦をしていた。本機は55戦隊の代田実中尉機に体当たりされた。
（Y Kumoi）

第3エンジンの間へ55戦隊の代田実中尉機に体当たりされた。生存者はハロルド・T・ヘッジス軍曹ただひとりであった。この不運な爆撃機の最後の瞬間は以上のように報告されている。

「我々は編隊から脱落し1500mほども高度を失った。機体を水平にしたその1秒後、右舷で爆発が起こり機体は横転し背面から錐揉み状態になった。横転したとき、わたしは脱出ハッチから弾き出された。飛び出した直後、落下傘を開くと機体が錐揉み状態で落ちて行くのが見えた。2機の日本戦闘機がわたしに発砲したため機体を見失った。それ以来、機体も乗っていた乗員たちも二度と目にすることはできなかった」

この巨鳥は愛知県の松平村［現・豊田市坂上町］に墜落した。体当たりは意図的というよりも突進射撃からの離脱タイミングを誤った事故だったと思われる。代田中尉は落下傘降下したが負傷のため翌日息を引き取った。このB-29は彼の4機目、そして最後の撃墜戦果となった。

この作戦で犠牲となったもう1機は、第497爆撃航空群、ジョン・W・ローソン中尉の「ジョーカーズ・ワイルド」（42-24626）だった。同機と他の爆撃機との無線交信は突然断ち切られ、ローソン機は戦闘中行方不明とされているが、おそらく戦闘機にやられたのであろう。名古屋上空で体当たり戦死、二階級特進で少佐となった56戦隊の涌井俊郎中尉が落としたのかもしれない。彼の戦友、高向良雄軍曹は突進射撃で接触、左翼の先端を失いつつも基地に戻った。

「ザ・リーディング・レディ」(Z-22)永眠の地は愛知県松平村の松林だった。(Y Kumoi)

　帰途、第497爆撃航空群の「ジャンボ」と「キング・オブ・ザ・ショー」(42-63418)と、第500爆撃航空群の「アダムズ・イヴ」(42-24600)の3機が着水。「ジャンボ」の乗員5名だけが救助され、他の者はすべて戦死した。
　超空の要塞の射手たちは撃墜14機、不確実14機と撃破20機を報じたが、陸軍航空部隊が失ったのは操縦者2名のみで、彼らは撃墜17機という到底あり得ないような戦果を報告している。海軍戦闘機隊の戦果並びに損害は不明である。
　56戦隊長、古川少佐はこの日の空戦を以下のように回想している。
「卓越西風、いわゆるジェット気流は、伊丹飛行場を離陸し所望の高度を獲得する前に名古屋上空に到着するので、名古屋上空で直ちに西に反転して9500から10000mまで上昇していった。この付近になると、快晴でも氷片がキラキラ光って飛行機の胴体から翼端へと吹き流れてゆく。寒さは手

第497爆撃航空群、第871爆撃飛行隊の「ジョーカーズ・ワイルド」は、昭和20年1月3日、空対空特攻の犠牲になったものと思われる。(Josh Curtis)

昭和20年1月3日、伊藤藤太郎中尉はB-29撃墜2機を報じたが、80発以上も被弾した。軍刀は、英軍将校にとってのステッキのように、将校である権威の象徴として、戦闘の際にもしばしば携行された。彼は大尉として終戦を迎え、武功章の勲記によればB-29撃墜17機、撃破20機の戦果を報じている。(F Ito)

足や体にひしひしと感ぜられる。酸素吸入器の流量計は目盛一杯を指している。発動機は全開回転で、毎分2400回転を示している。操縦索には不凍油を塗布してあるが、それでも重みを感ずる。人機とも全知全能を傾けていなければならないのだ。ちょっとでも油断すれば、機はたちまち高度を減じ、敵機に対する攻撃ができなくなる。かくして戦隊の各機は要地上空に集結、態勢を整えて待機していた。間もなくB-29第1梯団10機編隊に対する真っ正面からの撃ち合い戦闘が開始された。第2梯団、第3梯団が来襲するにつれ、彼我の航跡雲は要地上空に錯綜し、壮絶言語を絶するものがあった」[『B-29対陸軍戦闘隊』、今日の話題社より]

昭和20年1月9日
9 January 1945

　米軍はずっと目標第357号、中島飛行機武蔵製作所の破壊を試みてきたが、その結果は惨めなものだった。戦闘機や高射砲ではなく悪天候と恐ろ

しく強いジェット気流というふたつの大きな障害があったのである。状況を予測するために天候偵察機が先行して送り出されていたが、この方法には偵察機が飛んだ時は最高の天候であっても、その6時間後には目標が雲に隠れてしまっている場合があるという欠陥があった。

　シベリアから全てを凍りつかせるような冷たさで時速160kmから320kmもの風速で吹いてくる強いジェット気流は脅威であった。機体はあおられ爆撃手とノルデン照準器の働きを妨げ、また追い風に乗るとB-29の対地速度が上がりすぎて爆撃手は目標を捕捉することができなくなった。

　昭和20年1月9日、第73爆撃航空団はB-29、72機を出撃させた。中島飛行機武蔵製作所を破壊しようとする五度目の試みであった。ふたたび曇天と強烈なジェット気流が精密爆撃を妨げた。第10飛行師団［東部軍］は13時50分に空襲警報を発令、B-29の第1梯団は静岡上空から本土に侵入し、熊谷、下館を経て東京にB-29、20機以上から成る第2、第3梯団は静岡から、甲府、八王子を経てやってきた。東京上空では強風が吹いており、防空隊員たちは頭上の大編隊にとってそれが障害になることを知っていた。横浜、藤沢、沼津の諸都市も爆撃された。

　18機の超空の要塞が目標上空に達したが、レーダー照準で爆撃せざるを得ず34機は副次目標への投弾を余儀なくされた。結果はいつもの通り落胆させるようなものであった。

　成増飛行場の47戦隊は予想針路上で敵機の飛来を待っていた。侵入機をなんとしても撃墜しようと決意していた幸萬寿美軍曹は戦隊の飛行場上空を飛ぶ編隊の左後方のB-29に体当たりした。空襲時、たまたま基地を訪れていた新聞記者が頭上高くで起こったこの空対空特攻を撮影している。幸

この写真は成増飛行場にいた新聞記者が撮影した47戦隊の幸萬寿美(ゆきますみ)軍曹機の体当たりである。傷ついた超重爆は他の鍾馗の大群によって撃墜された。(K Osuo)

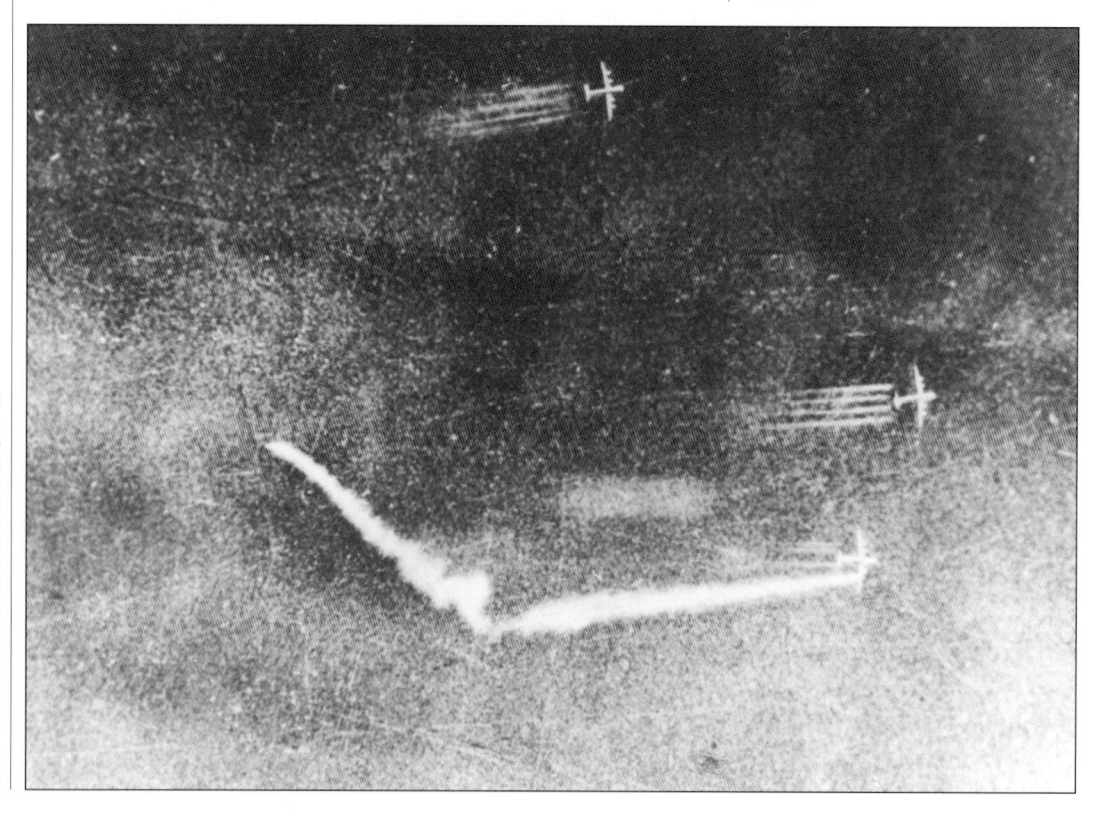

軍曹は即死し、数日後、東京北西の椎名町で彼の毛髪のついた皮膚が付着した敵機のエンジンが発見された。傷ついた爆撃機は戦隊の真崎康郎大尉が率いる他の二式単戦が海上まで追跡していった［日本側記録では、千葉県神代町に墜落したとされている］。

追跡機の中にいた粟村尊准尉は47戦隊でも随一の辣腕で、発明の才能もあった。彼は飛行計算機や超空の要塞に対する射程測定器などを考案し、夜間離着陸を容易にする機器を飛行場に設置した。幸軍曹が体当たりしたB-29に接近していった粟村准尉は同機の防御砲火がまったく沈黙していることを不思議に思った。彼はプロペラで敵機の巨大なフラップを切断、超空の要塞は銚子岬沖に落ちて行った。粟村准尉は落下傘降下したが救助されなかった。翌日の日本の新聞は銚子沖でB-29、2機が撃墜されたと報道している。

この日、244戦隊も何度も空対空特攻を敢行したと報告されている。丹下充之少尉はおそらく第497爆撃航空群のB-29、42-24772に体当たりし、彼の三式戦は東京西部の小平町［現・小平市］に墜落［丹下少尉は機外に放り出され落下傘半開のまま墜死した］。B-29の乗員たちは高度9000mを飛行中、2機の鍾馗が真っ正面上方から飛来、ジョー・ベアード少佐の772号機の数カ所を損傷させたと報告している。同機は編隊から脱落、高度も1000m余りも失い雲の中に入り見えなくなった。この戦闘を目撃した佐藤権之進准尉は以下のように回想している。

「そのB-29は8機編隊右側のカモ番機［テイルエンド・チャーリー＝いちばん攻撃されやすい最後尾機］だった。丹下少尉は直上から左翼外側のエンジンに当たった。そのB-29の翼は炎に包まれ、ばらばらに分解した。大地に激突してからも、その爆撃機は半時間以上も燃え続けた」。高山正一

東京、小平村の畑に突き刺さっていたジョー・P・ベアード少佐機の主翼。同機は第869爆撃飛行隊の所属だった。(Y Kumoi)

第497爆撃航空群、第871爆撃飛行隊の「ミス・ビヘイヴン」は昭和20年1月9日、二度体当たりされて着水を余儀なくされ、全員が戦死した。

昭和20年1月14日、飛行機雲を曳いて、名古屋上空高度9000mで第498爆撃航空群のB-29を迎え撃つ日本戦闘機。(Josh Curtis)

少尉は立川市の北東で、おそらく同じこの爆撃機に体当たりして損傷させ、破損した戦闘機から落下傘降下して生還している。

空対空特攻で撃墜されたもう1機は第497爆撃航空群のベン・クロウェル中尉が操縦していた「ミス・ビヘイヴン」(42-24655)」であった。ウォルター・ヤング大尉の「ウェイディズ・ワゴン」(42-24598)は目標に向かいつつ傷ついた僚機を掩護しようとしたが、やがて見失ってしまった。ヤング大尉機も日本戦闘機に攻撃されて損傷、結局、海上に着水した。両機とも乗員は全て戦死した。

小林照彦大尉と彼の僚機、安藤喜良伍長機は、江戸川上空でB-29の3機編隊を攻撃した。安藤伍長は撃墜1機を報じたが爆撃機からの反撃で冷却機に被弾、成増飛行場に緊急着陸した。東に飛んだ小林大尉は銚子岬上空で強力な8機編隊に追いすがって行ったが、この若い戦隊長の飛燕も爆撃機からの砲火で傷つけられた。彼は香取の海軍飛行場に緊急着陸した。

さらに244戦隊で戦果を報じているのは、東京上空で3機編隊を攻撃、B-29のエンジン1基を破壊した市川忠一少尉と同じく帝都上空で撃墜1機を報告している鈴木正一伍長である。

海軍の302空も撃破4機と、陸軍の操縦者が海軍の担当空域まで追い込んできた敵機の撃墜1機を報告。月光を操縦していた福田一夫上飛曹が関東平野で撃墜を報じており、302空は1名の搭乗員も失わなかった。

■昭和20年1月27日
27 January 1945

昭和20年1月27日は第73爆撃航空団にとってもっとも犠牲多き血闘の日であった。参加したB-29乗員のすべてにとって悪夢のような作戦であった。悪天候、猛烈な対空砲火、邀撃戦闘機の大群、そして目標は第357号。この航空発動機工場への攻撃はことごとく失敗し隊員の士気は急落していた。

第497爆撃航空群、第870爆撃飛行隊の「ハレーズ・コメット」は昭和20年1月27日に撃墜された。

20mmの上向き砲(斜め銃:海軍用語)を装備した日本軍の双発戦闘機は、地上の照空灯(探照灯:海軍用語)と協力し、照らし出されたB-29の腹部を狙った。これは夜間に超重爆を攻撃する方法としては最良のものであったが、この戦技の習得は困難であった。

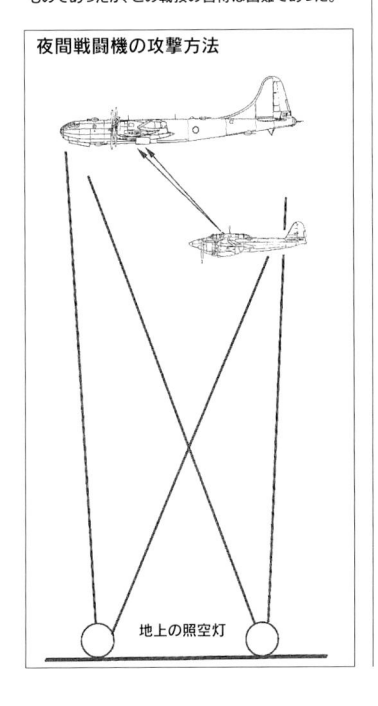

夜間戦闘機の攻撃方法

地上の照空灯

　航空団の出撃に先立つこと2時間、天候偵察機2機が離陸した。彼らの任務は名古屋と東京の気象観測であった。
　76機の超空の要塞がサイパンを飛び立ったが東京まで達したのはたった64機だった。第497爆撃航空群は遠州灘から旋回しつつ浜松で陸地上空に侵入、甲府に向かった。彼ら「ドーントレス・ドッティ」(42-24592)に乗ったロバート・モーガン大佐に率いられた17機のB-29は、調布からきた244戦隊に迎えられ初めての実戦を体験することになった。
　1番最初に撃墜されたのはウォルター・マクドネル中尉の「ハーレーズ・コメット」(42-24616)であった。高射砲と戦闘機に痛めつけられた同機は爆弾倉から火災を起こし、編隊から脱落したのである。同機は超空の要塞の下方に潜り込み、腹部を2、3門の20mm斜め銃［陸軍では上向き砲と称する］で攻撃する海軍、302空の夜間戦闘機、月光にやられた可能性がもっとも濃厚である。
　このやり方では襲った方も生還できなかった。昼間邀撃の場合、月光はB-29からの反撃に対して脆弱であった。高田清穂二飛曹操縦、木村三雄少尉偵察の月光はB-29撃墜を報告した後、浜松付近で天龍川に墜落、一方、神森久雄飛曹長、早川俊雄二飛曹の月光も静岡県中部の大井川に突っ込んだ。彼らはともに撃墜を報じている。ヴェリー・D・カーペンター曹長と、フレッド・ロドヴィシー軍曹は「ハーレーズ・コメット」から脱出して捕虜になり、終戦まで生き延びた。彼らの乗機は千葉県酒々井町に墜落した。
　浜松、甲府間で爆弾倉に被弾、真っ二つにされたエルマー・G・ハーン大尉操縦の「ウェア・ウルフ」(42-63423)も、おそらく月光に撃墜されたものと思われる。機体は乗員4名を道連れにして静岡県の富士宮に落ちた。落下傘はひとつも目撃されず、誰も脱出できなかったものと思われていたが、7名が脱出していた。ところが3名の落下傘はうまく開傘しなかった。ハーン大尉、ユージーン・リディンジャー少尉(副操縦士)、ハーバート・エドマン少尉(航空機関士)、クリフォード・マイラ軍曹(射手)

千葉県印旛郡の酒々井(しすい)で「ハレーズ・コメット」の残骸を調べる日本軍将兵。(Y Kumoi)

　の4名が捕虜になり、東京に送られた。マイラ軍曹は埼玉県の陸軍病院に送られたが、火傷のため2月10日に死亡した。残った3名は渋谷の陸軍刑務所で5月26日のB-29による焼夷弾攻撃を受け焼死した。
　第500爆撃航空群のスタンリー・H・サミュエルソン中尉操縦の「Z-12号」(42-24692)は2機の天候偵察機の片割れであった。彼の日記によれば「我々2機が日本本土を離れたとき、わたしがVHF無線機の周波数を調整すると、ちょうど背後にいる巨大な編隊の1機、1機が目標上空で交信していた。それは絶対に忘れられないような痛ましい会話だった。ある機は戦友の発火墜落を報告していた。別の機は着水機を救助するために出動していた『スーパーダンボ』を求めて叫んでいた。また別のB-29に掩護を求めている機もあった。無線で「滅茶滅茶だ助けてくれ」と絶叫している者もいた」。
　東京への直進経路、甲府から大月まではわずか30km余りだったが、猛烈な攻撃に曝されて進む身には数千kmにも感じられた。第497爆撃航空群のロバート・ハインズ大佐の「タンパー」(42-24623)は244戦隊の三式戦と、47戦隊の二式単戦の集中攻撃を受けていた。
　「パピイ」・ハインズ機と戦ったのは、244戦隊、第二のB-29撃墜王、市川忠一中尉だったのかもしれない。彼と僚機はエンジン1基を損傷させられて孤立しつつも、接近すると猛烈に撃ち返してくる超重爆を追跡していた。ハインズ大佐はまるで狂ったかのように「摑まっていろみんな。本機はあの畜生どもを追跡する」と、機内無線で叫びB-29で三式戦に向かって旋回した。
　突如、三式戦の大群が反対方向から突進してきた。これは罠だった。し

第497爆撃航空群、第870爆撃飛行隊のエルマー・G・ハーン大尉操縦の「ウェア・ウルフ」は昭和20年1月27日、目標上空で戦闘機の体当たりを受けた。爆弾倉に火が入り、このB-29は爆発した。

ウォルト・ディズニーの漫画のキャラクターを描いているB-29はまったく多かったが、第497爆撃航空群、第870爆撃飛行隊所属の「タンパー」もその1機だった。彼らが昭和20年1月27日の作戦で6機を落としたことを示す小さな旭日旗に注目。タンパーは40回の出撃を果たした後、真っ先に帰国、戦時国債募集のツアーに参加した。
(Josh Curtis)

かし攻撃に次ぐ攻撃を撃退、撃墜6機と撃破12機を報じて機首にウォルト・ディズニーの漫画のウサギを描いた超重爆は自分の身を守れることを証明した。市川中尉はタンパーの撃墜を報告したかもしれないが、勇敢な乗員たちは機体を基地に連れて帰った。

甲府、大月の東方、八王子の上空10000mで244戦隊の指揮官小林大尉と僚機、安藤伍長機に発見されたモーガン大佐の部隊は甲府から東京までの道のり（距離はたったの100km）を戦って切り開いて行った。14機からなるB-29の強力な編隊は東京に向かって右旋回すると判断した小林大尉と安藤伍長は針路を遮るよう機動した。小林大尉は編隊を背後から捕捉できるよう距離と角度を計算した。僚機を傍らに従え、2機は緊密な戦闘編隊を組んで降下して行った。B-29の射手は弾幕を展開した。

「アイリッシュ・ラッシー」（42-65246）は戦闘機に傷つけられた。その

撃墜を示すB-29のシルエットを描いた彼の戦闘機（五式戦）の前に立つ小林照彦大尉。彼が乗機を換えるたびに機付長が戦果を新しい機体に描き写した。彼は「アイリッシュ・ラッシー」に体当たりしたが、撃墜することはできなかった。

機種不明機は背後から左翼の第一エンジンに衝突し燃料タンクを引き裂いた。この損傷機は攻撃機を引き寄せながらも、まだ挑戦的に飛び続けていた。小林大尉は「アイリッシュ・ラッシー」に狙いを定め、左安定板に打ち当たり、衝撃で数秒間、気を失ったが、ただちに蘇生脱出し、目標357号の西、立川に無事着地した。何機もの日本戦闘機に撃墜を報じられた「アイリッシュ・ラッシー」だったが乗員ともども基地に生還した。そし

第497爆撃航空群の「アイリッシュ・ラッシー」は信じられぬことに二度も体当たりされたのに生き延びた。ただ基地には帰ったものの着陸の時に壊れて廃棄処分となった。(Josh Curtis)

第二章●陸軍航空部隊と第73爆撃航空団との対決

て着陸した途端、機体は真っ二つに壊れ廃棄処分となった。

　安藤伍長は、編隊の4番機、ダール・ペタースン大尉操縦の「ガストリー・グース」（42-63541）に体当たりしたが、同機も墜落はしなかった。安藤の三式戦は不運にも東京湾の北辺、千葉県の船橋に墜落した。この超空の要塞にふたたび体当たりしたのは、常陸教導飛行師団の小林雄一軍曹操縦、鯉淵夏夫兵長同乗の二式複戦だったかもしれない。その屠龍は八千代市に墜落した。ペタースン大尉機はもう1機のB-29の掩護で目標上空から退避したが、日本から400km付近に着水し、乗員は誰も救助されなかった。

　「シェイディ・レディ」（42-24619）は目標の間近まで迫っていたが、日本の戦闘機隊が激しい攻撃で高い通行料を徴収した。レイモンド・ドース大尉は攻撃から逃れるために機体を雲に向けたにもかかわらず、47戦隊の鈴木精曹長の鍾馗に正面から体当たりされてしまった。鈴木曹長機は東京、目標357号の西部、青梅市内の川に墜落した。

　千葉県松戸の飛行場から空を見ていた53戦隊の地上勤務者、原田良次軍曹は日記に次のように記している。「1420［午後2時20分］ごろ雲中より閃光が見られ、瞬間大地をゆるがす衝撃轟然、たちまち東京の空は黒煙におおわれ、白昼にもかかわらず火焔のあがるのを見た。雲上機影はなく、ただ敵機爆音のみ。第1編隊が轟然と我が基地直上を脱去の最中、第2編隊は大月上空に在り、第3編隊は関東の南部に侵入、これにつづく第4編隊は御前崎南方洋上50kmを北上中なり」［『日本大空襲』（上）、原田良次著、中公新書より］。

　第498爆撃航空群のピアース・キルゴー大尉指揮する「T-2号」機（42-

第497爆撃航空群、第870爆撃飛行隊の「シェイディ・レディ」は47戦隊の鈴木精（きよし）曹長に体当たりされた。生存者はいない。

第498爆撃航空群、第874爆撃飛行隊のB-29の下方に日本戦闘機が見える。昭和20年1月27日、東京上空。(Robinson via Josh Curtis)

63501)は東京上空での投弾は全うしたものの帰ってこなかった。同機は目標上空から離脱した直後、エンジン2基が不調となり編隊から落伍していた。すでに別のB-29、1機を撃破していた244戦隊の田中四郎兵衛准尉は、東京西部の原町田上空でキルゴー大尉機を発見した。彼の飛燕は超重爆の尾部に衝突、彼は衝撃で意識を失って機外へ放り出されたが落下傘は開いた。田中准尉は東京湾に落ちたものの漁師に救助された。重傷を受けた彼は二度と戦闘任務には戻れなかったが武功章を授けられた。そのB-29は近くの海岸に落ちた。

　第498爆撃航空群もう1機のB-29も窮地に陥っていた。ウィリアム・F・ビーハン中尉操縦のB-29（42-24767）は日本機と撃ち合いながら針路を切り開いていったが、第1、第2エンジンを破壊されてしまった。日本海軍の坂田喜三郎少尉と、北川良逸一飛曹の月光は東京上空でB-29の9機編隊を攻撃、1機に黒煙を噴出させたと報告しているが、それがビーハン機だったのかもしれない。超重爆からの反撃で彼らの月光は両エンジンが停止してしまったが、滑空で千葉県の木更津海軍基地に着陸することができた。

　ビーハン中尉は「T-37号」機のジョン・ローリングス・Jr中尉に無線で、電気系統が破壊され燃料が供給できなくなったと伝えている。ローリングス中尉はレーダーの助けを借りて、悪天候の中、同機について行った。陽光が翳り始めた頃、ビーハン中尉は荒れた海への着水を決意した。ローリングス機が戦友のためにできたことは救命筏と緊急装備を投下することだけだった。ビーハン機の乗員はひとりも救助されなかった。

　第499爆撃航空群のエドワード・G・スナッフィ・スミス中尉の「ローヴァー・ボーイズ・エクスプレス」（42-24769）は4回目の戦闘出撃だった。対空砲火の中を首尾よく抜け、爆弾倉を開いた時、前方に双発戦闘機が見えた。「戦闘機、1時方向。本機に直進中！」機上通話装置に警報が走った。B-29の乗員たちは知らなかったが、それは37mm砲を装備したキ45であった。

　「突如、物凄い爆発が起こり恐ろしい騒音と炎と煙が機首部分に充満した」

と、同機の航法士レイモンド・「ハップ」・ハロラン少尉は回想している。「V-27号」は機首右側に37mm砲弾の直撃を受けたのである。スミス中尉は両腕を傷つけられ、爆撃手のロバート・グレース少尉も重傷を負った。エンジン3基が停止、うち2基は発火していた。機上通話装置は破壊され機体はまだ腹いっぱい爆弾を抱えたまま次第に高度を失い始めていた。編隊の僚機は手をこまねいている以外になかった。

　超空の要塞の乗員たちは信頼と団結のもと作業をつづけた。全員が戦友の命を救うため助け合った。後部にいた射手4名とレーダー手は前部で起こったことに皆見当がつかなかった。「我々は後部の連中をそのままにして『ローヴァー・ボーイズ』から脱出する気はさらさらなかった」とハロラン少尉は語っている。「無線手のガイ・クノーベルはB-29の前部と後部を隔てる爆弾倉を通っている狭い筒型を通るため、胸の落下傘縛帯を外した。機はまだ二式単戦、鍾馗の攻撃を受けていて、機体は空中でずだぼろにされつつあるところだったから、彼の勇敢さは大変なものだった」。

　後部の生存者3名（尾部射手はその席で戦死していた）は他の者と一緒に脱出するようにいわれた。ハロラン少尉は昼食の七面鳥のサンドイッチを摑んで二口三口かじってから飛び降りた。関東平野上空8100mで10名が落下傘降下したと思われるが実際に降下できたのは7名だけだった。ハロラン少尉は高度1200mで開傘索を引いた。開傘の衝撃で右の航空長靴が脱げてしまった。

サイパン出撃直前の「ローヴァー・ボーイズ・エクスプレス」の乗員。レイモンド・「ハップ」・ハロラン少尉は後列の真ん中に立っている。彼の左が操縦のエドワード・「スナッフィ」・スミス大尉。
(Hap Halloran)

「ローヴァー・ボーイズ・エクスプレス」の航法士、「ハップ」・ハロラン少尉は落下傘降下中、3機の日本機が轟音を上げ近くを飛びすぎて行った時、海法秀一伍長と敬礼を交わした。ハロランと彼の仲間4名だけが生き残った。2000年10月、彼は墜落地点を訪れ、亡くなった戦友に祈りを捧げた。
(Hap Halloran)

　この爆撃作戦の中で起こった変わった逸話のひとつは、満洲飛行機のキ79［複座型の九七戦］、固定脚の高等練習機3機が落下傘にぶら下がった米兵の周囲を飛び、2回にわたって急接近してきたことである。もはや失うものは何もないハロラン少尉は手を振った。第39教育飛行隊の海法秀一伍長はハロラン少尉の友好的な仕草に対して2回目の旋回で敬礼、彼は戦友ふたりから離れて3回目の旋回を行いふたたび敬礼し、ハロラン少尉の着地点を確認すると飛び去って行った。海法伍長の指揮官、綿部徹夫少佐は軍人の礼節として、西洋の騎士道に対して我々には「武士道がある」と言うことを部下に強調していたという。
　「ローヴァー・ボーイズ」は茨城県の海軍神ノ池飛行場に近い神栖村に墜落、数軒の家が燃え、民間人7名が死亡した。機体からは4名の遺体が見つかり、墜落地点の北の畑でもう1体が発見された。7名が落下傘降下し、終戦まで生き延びたのはエドワード・スミス中尉、レイ・「ハップ」・ハロラン少尉、ジェイムズ・W・エドワーズ少尉、ガイ・H・クノーベル曹長と、フィリップ・J・ニコルスン軍曹の5名だけだった。

昭和20年3月の海法秀一伍長。1月27日の彼の任務は、B-29乗員の落下傘降下地点を確認することだった。彼は7.7mm機関銃を1挺しか装備していない旧式の二式高等練習機で飛んでいた。2000年10月、彼は「見逃してやった」かつてのB-29乗員、「ハップ」・ハロランと握手を交わした。(H Kaiho)

　彼らは海軍基地のそばで捕まり、東京の憲兵隊で過酷な取り扱いを受けた。綿部少佐の言葉を思えば皮肉なことである。落下傘降下したウィリアム・J・フランツ・Jr少尉は怒り狂った村民に殺害された。捕まったロバート・L・グレース少尉は3月10日までは生きていたという証拠があるが、以後消息を絶っている。

　第73爆撃航空団のB-29喪失9機を以て作戦第24号は終了した。ふたたび厚い雲が航空発動機を作っている武蔵製作所を延命し、空の無敵艦隊は副次目標への投弾を余儀なくされた。しかし超重爆の射手たちは撃墜60機、不確実17機、撃破39機を報じた。第73爆撃航空団が単独で決行したのはこの作戦が最後であった。

　日本陸海軍航空隊は、全部でB-29撃墜22機を報じ、15ないし16機を失った。うち10機は空対空特攻によるもので、4名は落下傘降下して生還、1機は基地まで飛んで帰り、5名が戦死〔特攻戦死は4名、総戦死者数は7名であった〕した。

chapter 3
作戦第二段階
phase two operations

　昭和20年1月27日の第24号作戦で、第XXI爆撃コマンドによる作戦の第一段階は終了、その結果は失敗と判定されていた。忌まわしい中島飛行機武蔵製作所への攻撃は6回にわたって繰り返され、27機のB-29が失われたうえ、さらに多くの機体が損傷させられた。しかも偵察写真を分析してみると製作所が受けた被害は希少であることがわかった。

　爆撃攻勢第一段階失敗は高空からの精密爆撃を信望するハンセル准将の硬直した作戦指導によるものと判断された。第一段階の終末と時を合わせて、1月20日、彼はカーチス・ルメイ少将にその任を譲った。

　その月、日本本土を叩くために渇望されていた増援がマリアナ諸島に到着し始めていた。最初にやってきたのはジョン・D・デイヴィス将軍率いる第313爆撃航空団であった。同航空団はネブラスカで訓練を受け、テニアン

ヘイウッド・ハンセル准将に代わって、第ⅩⅩⅠ爆撃コマンドの司令官となったカーチス・ルメイ少将。彼の指揮下、日本の諸都市に対する低空焼夷弾攻撃が即座に実施され、成功を収めた。（Josh Curtis）

島の北飛行場に揚陸された。1月中、隊員たちはトラック環礁や硫黄島に対する訓練を兼ねた腕慣らしの爆撃作戦を幾たびも実施した。これらは第73爆撃航空団との協同作戦に対する予行演習であった。

最初の協同作戦（作戦第26号）は2月4日、日本有数の海港と見なされていた神戸に対して実施された。同市は造船と海運港湾施設で有名なうえ、数多くの重要な鉄道路線、幹線道路が人口稠密な市街地へと引き込まれていた。この作戦の結果、通常爆弾と焼夷弾で目標地の7万5000㎡以上が被害を受け、B-29の損害はわずか2機であった。

6日後、118機のB-29が離陸、うち98機が日本本土に達したこれまでで最大規模の空襲が実施された。目標は東京の西、群馬県太田の中島飛行機製作所であった。同製作所は陸軍のキ84疾風を続々と製造していた。

13時15分（日本時間）、八丈島の電波警戒機はB-29の先導編隊を捕捉した。米軍編隊が伊豆諸島の東方を抜けたところで、第10飛行師団は米軍機が富士山を経由して東京に至るいつもの西方航路をとっていないことに気づき、戦闘機部隊の主力を帝都の東方に配置した。超空の要塞は鹿島灘からくると予想されていた。

空襲警報を受けた海軍航空隊は厚木基地から主に雷電からなる302空の戦闘機74機［32機ともいわれている］をただちに出動させた。この日、海軍第252航空隊は初めて本土防空戦に参加、同隊は零戦240機からなる戦闘5個飛行隊を擁していた。数字上、その兵力は印象的なものであったが、252空はまだまだ多くの訓練が必要な部隊で、実際に香取基地と館山基地から出動したのは少数の熟練者のみであった。

84機のB-29が第一攻撃目標を爆撃することができ、14機が副次目標に投弾した。生産ラインにあった四式戦が少なくとも87機破壊され、製作所の建物37棟のうち、11棟も破壊された。太田爆撃後、編隊は大きく右に旋回、東方、茨城県の水戸方面から海に抜けようとした。

だが全米軍機がこの航路をたどれたわけではなかった。二式単戦を装備し鹿島飛行場を基地としている70戦隊、第3中隊の対B-29戦の専門家、小川誠准尉がその行く手を阻んだのである。彼と戦友たちはすでに満洲上空でB-29と交戦した経験を有していた。B-29が東方から東京に向かっていると聞いた時、70戦隊は富士山上空、高度10000m付近を遊弋していた。ジェット気流に乗って彼らは太田に急行した。

鍾馗を駆って、B-29撃墜7機、P-51撃墜2機を報じた70戦隊の随一のエース、小川誠少尉。彼は武功章を授けられ、大戦を生き延びた。(Y Izawa)

小川准尉は太田上空で、最後尾から二番目の編隊を捕まえ直上攻撃を行い、戦闘防御編隊(コンバットボックス)を突き抜け、同編隊に対する二度目の攻撃は下方から敢行した。その時、狙った超重爆は爆弾倉を開き始めていた。彼はすばやく一連射を見舞った。小川准尉の射弾は爆弾を直撃、巨大な爆発が起こった。振り返った彼は墜落してゆく2機のB-29を認めた。彼の僚機は最初の獲物の破片がもう1機に当たり、両機とも墜落したと報告している。

　他の空域では第505爆撃航空群のカーメル・スローター大尉操縦の「スリックス・チックス」(42-24784)と、神奈川県の相模飛行場を基地とする第1錬成飛行隊の倉井利三少尉が遭遇していた。すでにB-29撃墜4機の戦果をあげている倉井少尉は、目標上空を飛ぶ超重爆の菱形編隊へと正面から突進して行った。その時「スリックス・チックス」は、オーウェン・バーンハート・Jr中尉操縦の「ディーナー・ボーイ」(42-24815)と衝突、両機とも群馬県の高島村［現・邑楽郡邑楽町］に墜落した。残骸は3日間燃え続けた。倉井少尉はこの攻撃で戦死、撃墜戦果2機を認められた。

　47戦隊の吉沢平吉中尉は今日はB-29を落としてやると決意していた。戦闘準備に取り掛かる前、彼は飛行服に人形のお守りを留め、僚機の伴了三(りょうぞう)少尉に「今日は俺についてこい」といった。「はい、自分は地獄でも極楽でもついて行きます！」。部下は答えた。ふたりは二式単戦に駆け、太田へと飛び、そこですぐにB-29を発見した。

　米兵は鍾馗が彼らに向かって発砲を始めたのを認めた。吉沢中尉は伴少尉を率いて編隊に背面飛行で飛び込み、垂直旋回し超重爆群の上空すれすれ、ちょうど10mを飛んだ。機体は1機のB-29に突き当たり彼は戦死した。伴少尉機はエンジンに被弾、茨城県の下館飛行場への緊急着陸を強いられた。

第505爆撃航空群、第483爆撃飛行隊の「スリックス・チックス」は昭和20年2月10日、日本の公式記録によれば、クライ・トシゾウ中尉の空対空特攻を受けたことになっている。その衝撃によって、本機は編隊にいた別のB-29に衝突した。第313爆撃航空団の記録によれば、「スリックス・チックス」は、B-29「ディーナー・ボーイ」に衝突し、両機とも失われた。

「今日は俺についてこい！」これが、47戦隊の吉沢平吉中尉の最後の言葉だった。彼の二式単戦は昭和20年2月10日、太田上空でB-29に体当たりし、彼は戦死した。この写真の吉沢中尉はキ84疾風の前に立っている。

　244戦隊、とっぷう隊［第2中隊］の梅原三郎伍長は茨城県の筑波山上空で敵機に体当たりを行い戦死した。三式戦が大地に貫入した下館の土中から梅原伍長の母、千枝の写真が発見され、陸軍は墜落地点に木製の記念碑を建立した。

　第29号作戦で米軍はB-29喪失12機、うち7機が着水という爆撃戦役中、最大の損害をこうむった。日本の防空隊は撃墜21機（陸軍15機、海軍3機、高射砲3機）を報じている。陸軍の未帰還機は7機、4名が戦死、うち3名は空対空特攻によるものであった［海軍は損害なし］。

昭和20年2月19日
19 February 1945

　2月19日の第37号作戦もまた、第73と第313爆撃航空団が一緒に硫黄島侵攻作戦と時を同じくして実施された。第一攻撃目標は空中勤務者全員がもう良く知っている第375号、150機の超重爆が参加を命じられた。

　いつものように日本軍は待ち受けており武蔵製作所は雲の下にあった。航空発動機工場には1発の爆弾も落ちず工場は操業をつづけていた。だが副次目標には131機が殺到した。53戦隊の広瀬治少尉は4機を従えて富士山の近くで待機していた。待つこともなく、超空の要塞12機からなる強力な編隊が山の東方8300mを進んでくるのが見えた。広瀬少尉はただちに後上方からの攻撃を命じ、第2編隊の2番機を損傷させた。降下から機体を引

昭和20年2月15日に第874爆撃飛行隊のB-29が名古屋上空7860m［26200フィート］で撮影した航空写真、画面右上に被爆直前の三菱航空発動機製作所が見える。この作戦で失われたB-29は1機だけだった。(Josh Curtis)

き起こしたとき、彼は次の8機編隊が彼の背後、大月の西方から迫ってくるのを発見した。もはや弾薬は尽きていたうえ不運にも彼の屠龍は右エンジンに受弾、発煙していた。第500爆撃航空群のスタンリー・H・サミュエルスン大尉のB-29が、突如視界に現れた。

広瀬少尉は後席の偵察者に「加藤、突っ込むぞ！」と叫んだ。加藤君男伍長は狂ったように電鍵を叩き基地に報告した。「広瀬機、只今より突入！」。二式複戦は高度8700mからギロチンの刃のように「Z-12号」機の胴体を主翼の後方で上から真っ二つに断ち割った。

高速での衝撃は凄まじく、加藤伍長は何か巨大なトタン屋根のような物が前方に見えたかと思った刹那、物凄い轟音で意識を失った。彼は衝突の衝撃で後席から放り出された。開傘索を座席に連結しておいたおかげで落下傘は自動的に開き、意識を失ったまま空に浮かんだ。彼の落下傘は木に引っ掛かり降下を止めた。加藤伍長は生還できた。

B-29の胴体、窓のない席にいた無線手のロバート・P・エヴァンス曹長は何がぶつかったのかわからなかった。「こんなことが起こるはずがない、と思い続けていた」とエヴァンス曹長は回想し、結局、彼が唯一の生存者となった。

機外に放り出され落下傘降下して捕虜になったのである。H・ウェイザー軍曹も落下傘降下したが生き残ることはできず浄福寺［東京都南多摩郡恩方村、現・八王子市内］に埋葬された。衝突でひどい火傷を負ったロバート・J・ジャネセックも壊れたB-29から飛び降り、翌日、捕虜になった。彼は東京に護送され東京の第1陸軍病院に収容されたが治療もなされぬまま3月6日に死亡した。残骸は山梨県の西原村［現・北都留郡上野原町］に落下した。

53戦隊の山田健次伍長は青木少尉率いる4機編隊の一員として東京湾に向かって飛んでいた。彼は東に向かうB-29の12機編隊を発見、各操縦者はそれぞれ自分の獲物を決めた。第499爆撃航空群のマーチン・ニコルスン中尉操縦の「スーパー・ワビット」(42-65222) は、山田伍長が自分を彼の標的に決めているとは夢にも思っていなかった。その屠龍は急旋回し河口湖上空を接近してくるB-29編隊に正対した。

この空対空特攻の目撃者は次のように回想する。「南に空に、マッチを擦ったような炎を見た。超重爆がふたつに分解し、それぞれ1kmほど離れた地点に落ちて行った」。乗員はだれひとり助からなかった。ニコルスンと他の5名の遺体は機体の前半に、残りは機体の後半で発見された。遺体は地元の墓地に埋葬された。

53戦隊の最後の戦隊長、児玉正人少佐はどうして操縦者のうち幾人かが体当たりという手段に訴えたのかを説明している。

「複座の戦闘機、屠龍には2種の兵装があった。固定武装と、後方からくる敵戦闘機に対して後席に備えられた旋回機銃である。高度10000mで飛来するB-29に対する邀撃は日本戦闘機の性能の限界に近いものであった。従

昭和20年2月19日、スタンリー・H・サミュエルスン大尉のB-29は第53戦隊の広瀬治少尉の二式複戦に体当たりされた（カバー表紙はこの攻撃を描いている）。右端に立っているのがサミュエルスン大尉、この攻撃による唯一の生存者、ポール・エヴァンス曹長は前列の右からふたり目。(Len Chaloux)

昭和19年暮れに撮影された53戦隊の空対空特攻隊。右から3番目は昭和19年12月3日に東京上空でロバート・ゴールズワーシー少佐機に体当たりして戦死した沢本政美軍曹。沢本軍曹の右に立っている背の高い操縦者は2月19日に「スーパー・ワビット」に体当たりして戦死した山田健治伍長である。

　って操縦者たちは邀撃を試みた際に多くの困難に直面した。練度の低い操縦者はキ45の飛行性能を少しでも向上させるために装備を下ろしたり、敵機への体当たりを試みたのである」
　2月19日の空襲の主力(6個梯団に分かれたB-29、90機)は、大月上空、高度8000mで日本戦闘機に発見された。14時50分頃、東京新宿区の四谷第七小学校に大きな火の玉がふたつ落下した。B-29の胴体後半は運動場に落ち、他の部分は屋根に落下した。遺体3体は屋根で、さらに2体が運動場で発見された。新聞記者がそこで取材をしていると、ひとりの若い操縦者が現場にやってきた。それは244戦隊の松枝友信伍長で「このB-29を落としたのは自分です」、「墜落地点を見にきました」と述べた。
　松枝伍長は記者に、10機からなる編隊を発見、その超空の要塞が編隊から脱落するまで攻撃を繰り返したと話した。彼は直上から射撃、超重爆の機首は破断し機体が空中分解した。彼の飛行機も反撃で損傷していたため、渋谷の[代々木]陸軍練兵場に緊急着陸したといった。飛燕から降りて墜落地点へとずっと駆け足でやってきたのだ。松枝伍長にやられたのは、第500爆撃航空群の「Z-31号」(42-63494)で、生存者は落下傘降下したエドワード・H・マクグラス軍曹と、リー・M・ジョンスン軍曹だけで両名とも終戦まで生き延びた。
　この日、244戦隊は撃墜2機、撃破4機を報じ、陸軍航空全体では撃墜21機を報告、戦闘機4機(戦死3名)を失っている。海軍の戦果は不明だが、302空は彗星夜戦2機と搭乗員3名を失っている。
　体当たり攻撃を受けて戦死したスタンリー・サミュエルスン大尉は以下のような日記を書き残している。

昭和20年2月19日に失われる数週間前に撮影された山田健治伍長の戦果、第499爆撃航空群、第877爆撃飛行隊の「スーパー・ワビット」。

「こんな状況下で生きるのは並大抵じゃない。落ち行く戦友たちを見るのに慣れるなんて人間的に不可能だ。だから皆、見て見ぬふりをしている。こんなやり方はおかしい、全員がうまくやれることを祈ってるわけじゃなくて、ただみんなに生き延びてほしいと思ってるだけなんだ」

同じく空対空特攻で戦死した山田健次伍長も日記をつけている。「どうして国のために捧げるこの命を惜しもうか。若桜は早く散ってこそのものだ。自分は特攻隊を志願した。なんという名誉だろう。よくぞ男子に生まれたりの心境だ。体当たり万歳。帝国陸軍伍長山田健次、22歳、震天制空隊」。

第37号作戦では6機のB-29が失われた。うち2機は体当たりによるものであった。

昭和20年3月16-17日
16-17 March 1945

白昼の精密爆撃は犠牲に見合わぬ戦果しかあげえぬことが2月19日を始めとする何回かの焼夷弾攻撃によって証明された。6日後、東京はこれまで最も多い201機のB-29によって空襲された。その結果は恐るべきもので巨大都市東京のほぼ1.6km²が炎に包まれた。ルメイ少将は東京、大阪、神戸、名古屋の諸都市は低空から焼夷弾攻撃すべきであると確信した。

彼ができる限り多くの焼夷弾を目標まで運ぶことを求めたため、作戦将校たちはすべての超重爆から余分な重量物をすべて撤去することにした。計画されていたのは夜間爆撃で、日本の夜間戦闘機はたいした脅威ではなかったので全機関砲と弾薬が撤去された。武装していたのは先導する数機だけだった。爆撃の正確さを期するため飛行高度は1500mから、2700mと

大阪の下町、堺筋に散乱する残骸を曝す、第499爆撃航空群、第878爆撃飛行隊のジョン・K・エリントン少尉が操縦していたB-29、42-24754。昭和20年3月13〜14日の夜間空襲の際に、鷲見忠夫曹長機が撃墜したのはほぼ間違いなく本機である。本機はその夜、日本本土上空で失われた唯一のB-29であった。(Y Kumoi)

されていた。この計画は徹底的で、これまでルメイ少将が発した命令の中でもっとも苛酷なものであった。

　3月9日〜10日の夜、325機のB-29が東京への出動準備を整えた。乗員の多くはルメイ少将がB-29を丸腰で、しかも中高度で飛ばせることに激怒し基地のありとあらゆるところで罵り声が上がった。

　その夜、279機が高度1470mから1840mの高度から投弾した。翌日の航空写真で東京の24km²が焦土と化したことがわかった。ルメイ少将の大胆な計画は図に当たったのである。その一方、14機のB-29が失われ、これは第XXI爆撃コマンドが一日で失った数としてはこれまで最大であった。

　1週間後、3月16〜17日の夜、神戸に対する第43号作戦が実施された。330機余りの超重爆がこの港湾都市の攻撃に充てられたのである。彼らは目標上空で、大阪の大正飛行場から飛来した246戦隊の鍾馗と遭遇した。藤本研二准尉と、生田幸男軍曹が体当たりを敢行して生還。藤本准尉は2回目の

体当たり生還で、3日前の夜、空対空特攻で別のB-29を撃墜していた。

明け方、56戦隊の永末昇大尉率いる三式戦4機［警急小隊であった］が神戸での邀撃に上がった。暗闇の中で制空地域が重ならないように、その80分後、緒方醇一大尉率いる4機が出撃にうつった［2番機は離陸時に転覆、死亡］。神戸上空に達すると緒方大尉は伊丹飛行場（神戸から南西に24km）にいた戦隊長の古川治良少佐に無線で報告した。「敵は市街地の火災で明瞭に浮かび出されている」。報告はつづく「1機撃墜。攻撃続行中」。これが緒方大尉からの最後の報告だった。

伊丹飛行場では長谷川国美見習士官をはじめとする地上勤務者たちが2基の照空灯に捕捉され、流星のように輝き流れるB-29を見上げていた。数秒後、巨大な火の玉が炸裂した。彼らはほぼ間違いなく緒方大尉によるB-29編隊に対する最後の攻撃を目撃したのである。古川少佐は爆撃を次のように回想している。「市街地に大火災がおき、焼煙天に沖し、雲を呼び、風を呼び、高射砲弾の炸裂、閃光また手にとるように望見された」［『B-29対陸軍戦闘隊』、今日の話題社より］

その夜、3機のB-29が失われたが、日本戦闘機に撃墜されたと公式に認められているB-29はない。しかし超空の要塞1機、第500爆撃航空群のボブ・フィッツェラルド少佐の「Z-8号」は神戸の北方3km付近で緒方大尉機に体当たりされていた。この超重爆は捕虜収容所の近くに墜落した。乗員2名、ロバート・W・ネルスン少尉と、アルギー・オーガナス曹長は捕虜になった。彼らは大阪で2時間の審理を受けた揚げ句、有罪とされ、終戦の約1ヵ月前、7月18日に処刑された。

第19爆撃航空群、第93爆撃飛行隊所属の「トール・イン・ザ・サドル」。昭和20年3月9-10日の東京夜間空襲では本機を始め14機のB-29が失われた。本機の操縦者はゴードン・L・マスター大尉であった。（Maru）

近隣の海軍基地にいた好奇心の強い水兵が「トール・イン・ザ・サドル」の尾部を見聞している。(K Osuo)

「トール・イン・ザ・サドル」の前脚を調べる海軍のシオノ・テイシロウ中尉。(K Osuo)

「トール・イン・ザ・サドル」の打ち壊された尾部からはい出すシオノ中尉、墜落時、尾部射手席付近に物凄い衝撃があったことがわかる。(K Osuo)

「トール・イン・ザ・サドル」のエンジン。(Y Kumoi)

明け方の捕虜収容所でフランシスコ修道会のマーシャン・ペレ修道士は、午前4時の空から落下するB-29を目撃した。副操縦士のロバート・コープランド少尉は墜落の犠牲者のひとりだった。「日本の兵隊が遺体の埋葬をし損なったので、我々、被抑留者が彼らを埋葬した」、ペレ修道士は戦後、コープランド少尉の母、ノーマにそう書き送っている。「その後、我々はその場所をはっきりと残すために、名前を刻んだ十字架を建てた。墓前では神父とともに我々庶民も彼らのために告別の祈りを捧げた」。

緒方大尉は77戦隊時代、ビルマで爆撃機の撃墜8機を報じ［緒方中尉（当時）は、昭和17年6月4日、ラングーンを襲い、64戦隊機との交戦で損傷した第436爆撃飛行隊のフランク・シャープ大尉のB-17重爆を九七戦で確実に撃墜している。これはビルマにおける米四発重爆の初撃墜戦果だった］、次いで本土防空戦ではB-29撃墜4機、撃破5機の戦果を報告している。緒方大尉の名前を記した航空長靴が片方、B-29の残骸の中で発見され、

昭和20年3月13〜14日、大阪上空でB-29に体当たり、落下傘降下に成功した246戦隊の藤本研二曹長。3日後の夜、彼はふたたび体当たりして生還、この並外れた敢闘精神に対して武功章が授与された。だが、終戦の前日、8月14日、彼の運は尽き、P-51に撃墜されて戦死してしまった。(K Osuo)

やがて遺体も輪を描いて飛ぶ鳥の群れのもとで見つけられた。彼は死後、中佐に特別進級した。

56戦隊は帝都防衛の防空戦隊や、本州西部、小月の4戦隊がもっていたような空対空特攻隊を編成していなかったにもかかわらず、緒方大尉は劇的な死を選んだ。56戦隊の操縦者は自らが望んだ時にのみ体当たりを実施した。

第43号作戦では、ほぼ5km四方にわたって神戸市街を焼いた。少なくとも戦闘機1機を失った[少なくとも4機を失い、4名が戦死している]陸軍航空部隊は空想的な戦果、撃墜19機を報したものの、実際に失われたB-2はわずかに3機だった。

昭和20年4月7日
7 April 1945

第73爆撃航空団は第58号作戦ではじめて掩護戦闘機とともに日本本土に侵攻した。これまでの米陸軍航空隊の島嶼基地は単発戦闘機で東京、神戸、名古屋を襲う爆撃機を掩護させるには遠すぎた。しかし少し前に沖縄（特に伊江島）と硫黄島を奪取した上、中部太平洋にもP-47N「サンダーボルト」と、P-51D「マスタング」という長距離戦闘機が配備され、とうとう掩護戦闘機が日本本土への侵入を敢行できるようになったのである。

当初、この作戦には前線での飛行時間が600ないし700時間に達する者だけが選抜されたが、第二線、三線級とされた操縦者たちは上官に参加を懇願し、許されて、おおいに喜んだ。戦闘機の掩護を耳にしたB-29乗員たちの士気もただちに急上昇した。

4月7日の目標はお馴染のものだった。第73爆撃航空団が攻撃するのはもう10回になる中島飛行機東京武蔵製作所である。107機のB-29が離陸、う

昭和20年3月17日、ボブ・フィッツジェラルド少佐のB-29に体当たりして戦死した緒方醇一大尉。
(Koji Takai)

出撃前に撮影されたボブ・フィッツジェラルド少佐のB-29の乗員。神戸で捕まったB-29乗員はすべて戦犯として扱われ、落下傘降下した同機のふたりは2時間の審問の末、有罪とされ処刑された。
(Bill Copeland)

B-29 Gunner Loses Beer Over Kobe

A B-29 BASE, Tinian, March 18 - Sunday - Irish Sergt. Walter C. Calhoun of Lakeville, Ill, gunner on a B-29 attacking Kobe yesterday, didn't celebrate St. Patrick's Day like he hoped.

Four cans of beer he had cooling in the camera hatch fell through the opening over the target.

[昭和20年3月16〜17日に神戸上空で起こったウォルター・カルホーン軍曹の「悲劇」を報せる米国の小さな新聞記事。この記事はこの作戦で3機のB-29が失われたことは書き落としている。[記事内容は以下の通り；B-29の射手、神戸上空でビールをなくす。B-29基地テニアン、3月18日、アイルランド系でレイクヴィル出身のウォルター・カルホーン軍曹はB-29の射手として神戸攻撃に参加したが、楽しみにしていた聖パトリックの日（アイルランドの守護聖人の命日、3月17日）を祝うことはできなかった。カメラハッチで冷やしていた4本の缶ビールを目標上空で落としてしまったのだ。]

ち103機が日本本土に到達、第VII戦闘コマンドの106機（第15、第21戦闘航空群）が硫黄島から離陸、1機のB-29に誘導されて本土に到達した96機のP-51Dに掩護されていた。マスタングは東京からおよそ160km地点で、爆撃針路を辿り始めた超空の要塞の大編隊と空中集合した。P-51の操縦者たちはB-29の前方に出てしまわないように、たがいに交差しながらシザーズ機動に飛び、水平線からそびえ立つ富士山を旋回点の陸標としていた。最後の航程では戦闘機の大編隊による対決が展開されるであろう。

第78戦闘飛行隊のロバート・「トッド」・ムーア大尉は最初に発見した敵機は下方、東京湾上空を飛ぶ双発の二式複戦だったと回想している。だがマスタング乗りたちは囮ではないかと思い、編隊を崩さなかった。日本の操縦者は戦闘機の掩護がついていることに驚愕し恐れを感じたが、それは慮外し超重爆にだけ攻撃を集中してゆくしかなかった。

そんな者のひとり、244戦隊、第2中隊の古波津里英少尉は体当たり攻撃を次のように回想している。「竹田五郎大尉率いる編隊の一員として離陸したが、間もなくエンジンが不調になったので、指揮官機に合図をして編隊を離れ、調布の上空を高度5000mで見回っていようと決めると、すぐに川崎上空を飛ぶB-29の1編隊が見えた。よい攻撃位置につくため、向かってくるB-29に対して上昇を試みた。高度差は500mほどだった。離陸前から、B-29に対する有効な攻撃は直上からか、あるいは対進でやや下方から突き上げて行くしかないと決めていた。直上攻撃ができるほどの優位ではなかったので、超重爆の前方やや下から撃ちながら突進して行った。その刹那、自機の右翼が付け根から切断されてしまった。機体は左回りの水平錐揉みに陥り、尾部を中心に回っていた。加速することもできず、操縦不能だった。エンジンからは熱い冷却水が噴出し、風防は高温の滑油で真っ黒になっていた。それは顔にまで吹きつけてきて、目も開けていられないほどだった。風防から外は何も見えない真の闇だ。だが、自分がまだ生きていることはわかっていた。立ち上がり、脱出しようとしたが、物凄い力で座席に押し付けられていた」

必死で逃れようとして、古波津少尉は右足を操縦桿に、左足を風防レール下の縁に掛け、両手で力いっぱい風防の天辺を押した。突如、彼の体は操縦席から吸い出された。落下しながら自分の航空長靴が片一方、頭上で躍っているのが見えた。見上げると、B-29の一団が上空を通過して行き、何機かは彼を狙って撃ってきた。今、思い起こしても「なんてでかい飛行機なんだ」という。「我が戦闘機は本当に小さい。大鷲と燕の喧嘩だ。それに数だってB-29の方が戦闘機よりずっと多い」。

古波津少尉が衝突したB-29は、第498爆撃航空群のジョン・O・ワイズ中尉操縦の「ティティ・マウス」（42-65212）であった。落下傘降下しながら、古波津少尉は別のB-29が錐揉み降下して行くのを見た。古波津少尉と同室の戦友、河野敬少尉に体当たりされて傷ついた超重爆は2回半ほど旋転して大地に激突した。

東京の高円寺に住んでいた河野少尉の両親、兄弟姉妹は澄んだ青空の中、埼玉県川口の近くで戦死した彼の体当たりを目撃していた。河野少尉が落としたのは第500爆撃航空群のB-29「Z-47号」（42-24600）で久我山の高井戸小学校の西側に墜落。現場では2軒の家屋が炎上し1名が死亡。河野少尉の敢闘は天皇の上聞に達し、彼は二階級特進した。顔面に負傷

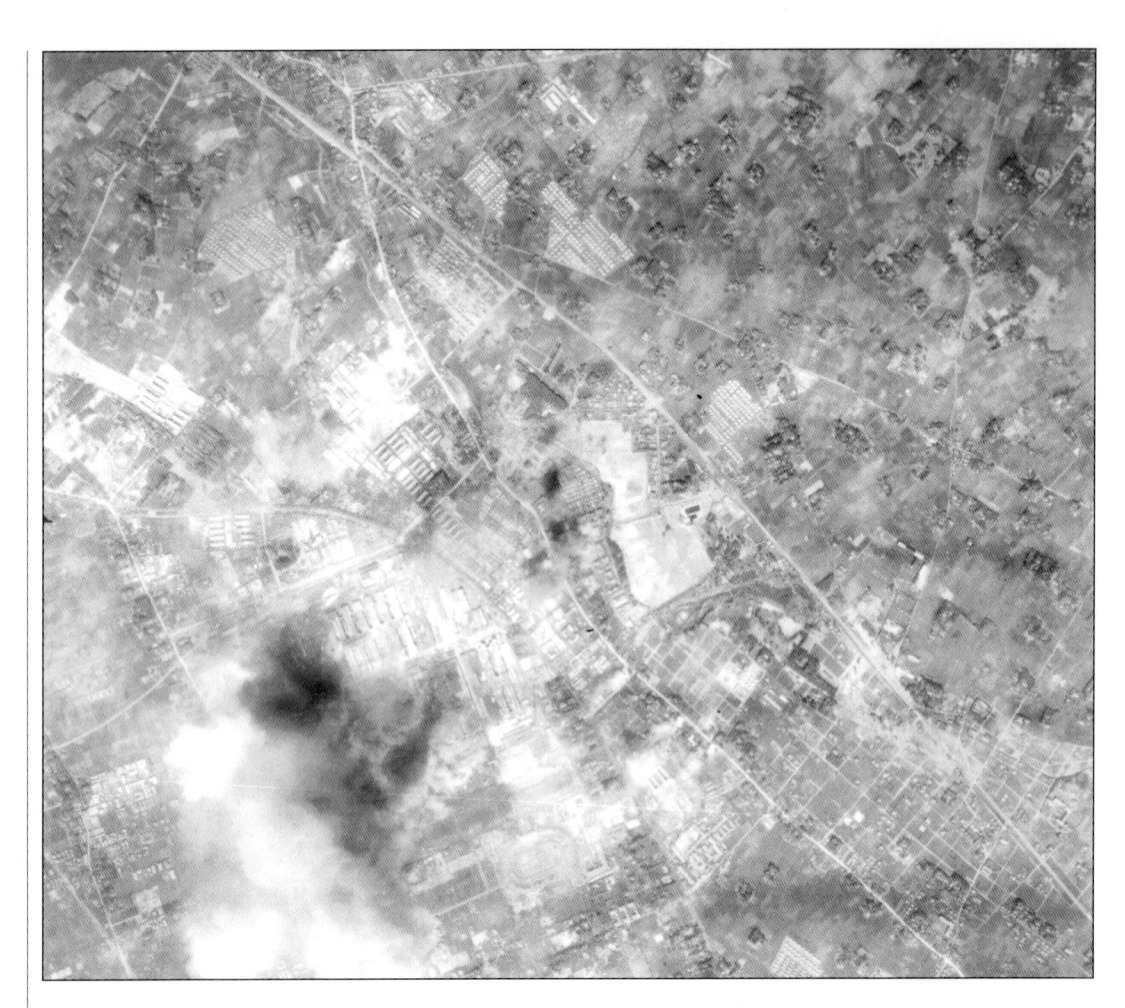

東京の不吉な標的、第357号、昭和20年4月7日、この日は珍しい晴天で高度4710mからはっきりと視認することができた。中島飛行機の航空発動機工場は10回目となったこの日の試みで最終的に破壊された。またこの7日はP-51による戦闘機掩護の幕開けの日ともなったのである。(Josh Curtis)

したしただけで助かった古波津少尉も武功章の授与によってその勇気を讃えられた。

「ティティ・マウス」の残骸は広い地域に散らばり、胴体は多摩川病院の北側の畑に落下していた。T-42号の標識が入った尾翼とエンジン数基は下布田の空き地に落ちたが、そこにあった防空壕を潰し市民8名が死亡した。もう1基のエンジンは柴崎の鉄道線路の上に落ちた。乗員のほとんどは墜落で戦死したが、1名だけは落下傘降下に成功、ところが木に引っ掛かっていたところを近所の農村から集まってきた群衆に殺されてしまった。

同じ爆撃航空群にいた一卵性双生児の兄弟エドワードと一緒にこの作戦に参加していた無線手、ノーマン・セリッツ曹長も落下傘降下した。降下中、1機の日本戦闘機が彼への機銃掃射を試みたが、幸運なことに第VII戦闘機コマンドのP-51が飛来。マスタングの操縦者は手を振ってセリッツの幸運を願うと日本機を追跡して行った。

セリッツは調布にあった住宅の裏庭に着地して捕まった。セリッツは10年後に「今、思えば、わたしは生真面目な男女の捕虜になって、手を掴まれて通りを連れて行かれたんだよ。彼らはわたしを殺させまいとした。殴られ、蹴られはしたが、殺させないようにしていた」と語っている。

244戦隊の隊員の多くが「ミセズ・ティティ・マウス」の残骸を見に行き、

16回の出撃を果たしたことを示す描き込みに感心するとともに、機首に描かれた大きな女性のヌードに関心を寄せた。彼らはまるで深刻な美術評論家のように周囲を取り囲み、米軍はいったいどういうつもりで戦争しているんだと語り合った。一方見物の女性は嫌悪感を露にしていた。

この作戦で失われた3機目のB-29は第499爆撃航空群のチャールズ・ハイバード中尉操縦の42-24674であった。同機は東京への爆撃進入中、空対空爆弾によって破損した。攻撃したのは28戦隊の武装司偵にほぼ間違いない。この超空の要塞は空中で爆発し、千葉県香取郡豊里村[現・銚子市]に墜落した。ハイバード中尉を含む8名が戦死。アーサー・ゴラと、フェアディナンド・A・スペイシャル(落下傘降下したのは4名だったが)は捕虜になり、捕虜生活を生き延び、帰郷することができた。

この日、武装司偵で自らも邀撃に上がった28戦隊の戦隊長、上田秀夫少佐は戦隊のB-29に対する空対空爆撃はことのほか有効であったと述べている。前述したように武装司偵は、キ46三型司令部偵察機に20mm機関砲2門と、50kg「夕弾」空対空爆弾を搭載できるように改造した高高度邀撃機であった。

今や戦闘機として戦っているとはいえ、キ46の操縦者は偵察隊の出身者で、空中戦闘の訓練も最低限しか受けていなかった。上田少佐はこの4月7日、戦隊は5機の武装司偵を失ったと述べているが、第VII戦闘機コマンドの操縦者たちも東京上空でちょうど5機の双発戦闘機の撃墜戦果を報じている。この損害を受けて、司偵はふたたび偵察任務に戻され、上田少佐は屠龍を装備した古巣の53戦隊に帰任した[著者が参考資料としてあげている

第498爆撃航空群、第875爆撃飛行隊の「ティティ・マウス」。本機は4月7日、244戦隊の古波津秀少尉によって、水田に撃墜された。墜落した機体の絵はまだはっきりと見える状態であったため物見高い観衆(主に男性)を大勢引き寄せた。(Josh Curtis)

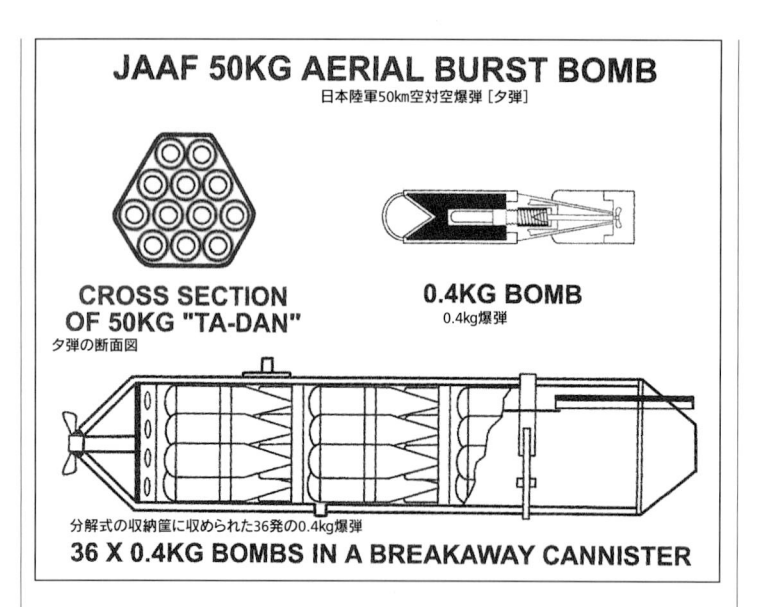

JAAF 50KG AERIAL BURST BOMB
日本陸軍50km空対空爆弾 [夕弾]

CROSS SECTION OF 50KG "TA-DAN"
夕弾の断面図

0.4KG BOMB
0.4kg爆弾

分解式の収納筐に収められた36発の0.4kg爆弾
36 X 0.4KG BOMBS IN A BREAKAWAY CANNISTER

日本陸軍も、海軍もB-29を撃墜しようという必死の試みとして空対空爆弾を使用した [陸軍は「夕」弾、海軍は三号爆弾と称していた]。日本戦闘機はB-29編隊の上方に上昇、前方に出て爆弾を投下した。投下のタイミングは非常に難しかった。しかし、うまく行くと圧倒的な破壊力があったが、この爆弾で撃墜されたB-29はほんの数機に過ぎなかった。

『B-29対陸軍戦闘隊』掲載の上田少佐自身の回想記では武装司偵5機喪失、『日本陸軍戦闘機隊』ではこの日の28戦隊は出撃した6機のうち4機を失ったとしているが、戦隊の戦死者は渡辺一郎軍曹だけが記録されている。『戦史叢書』によれば、この日の第10飛行師団全体の損失は自爆、未帰還13機。訳者が各書から割り出したその内訳は三式戦8機、四式戦3機、五式戦1機、武装司偵1機、落下傘降下3名(244戦隊の木原喜之助伍長、古波津里英少尉、18戦隊の小宅光男中尉)。『日本陸軍戦闘機隊』によれば戦死者は10名、うち4名がB-29への空対空特攻であった(28戦隊の渡辺軍曹機の同乗者の運命はわからない)。この他53戦隊の二式複戦2機が被弾、不時着大破した。さらに海軍302空の月光1機が撃墜され、1機が被弾損傷しているので、P-51による双発戦闘機5機撃墜はかなり正確な報告であったことがわかるが、28戦隊が武装司偵を4または5機も失ったかどうかは疑問である。P-51は福生飛行場で訓練中だった双発の輸送機数機も撃墜または撃破している。また28戦隊が偵察任務に戻り、上田少佐が53戦隊に戻ったのは20年の7月20日]。

244戦隊もこの日は苦戦し、戦果は少なかった。白井長雄大尉率いる第3中隊はB-29撃墜1機を報じた上、佐藤権之進准尉と太田喬軍曹も協同撃墜を報じた。第1中隊を率いる生野文介大尉は撃墜、撃破各1機を報じ、部下である小原伝中尉、小川清少尉、新藤仁平軍曹は敵機を撃破したと報告している。その一方、松枝友信伍長が多摩川に墜落、前田滋少尉は茨城県の小張村に落ち、それぞれ戦死した。木原喜之助伍長機はP-51の射撃で爆発、顔面に火傷を負ったものの落下傘降下、生還した。

第73爆撃航空団による中島飛行機武蔵製作所破壊の試みは10回目でようやく成就した。晴天下の精密爆撃によって工場のほぼ半分が損害を受け目標357号は撃滅と判定された。

第73爆撃航空団が東京上空で戦っていた頃、第313、第314爆撃航空団は作戦第59号として名古屋を襲っていた。この作戦は戦闘機の掩護なしで行われる予定になっていたが、まったくなしではなかった。マスタング1機が東京から320km地点で作戦から落伍すると、第15戦闘航空群、第78戦闘飛

他の追随を許さぬ11機というB-29撃墜を報じ、244戦隊随一の戦果をあげた白井長雄大尉、彼はまたヘルキャットも2機撃墜していた。白井大尉は大戦を生き延びた。(T Sakurai)

B-29の撃墜マークをふたつ描いた二式単戦の前に立つ70戦隊の吉田好雄大尉。マークにはそれぞれ撃墜日「4月13日と15日」、そして「吉田大尉」の名前がしるされている。吉田大尉は終戦までにこのマークを6つまで増やし、その功績に対して武功章を授与された。(Maru)

行隊のチャールズ・C・ヘイル少尉がその欠落を埋めるためにP-51に飛び乗った。そして何の航法補助もなしに「燃料がつづく限り」およそ東京と思われる方角へと飛ぼうとしていた。だが彼は名古屋へと向かう超重爆の編隊と出会った。こうしてヘイル少尉機は153機ものB-29を掩護する重責を担うことになったのである。

　第29爆撃航空群のB-29（42-65350）を操縦するフランク・クロウクロフト大尉は、妻から女児誕生の知らせを受けたばかりだった。前回の作戦では、ひとりの報道記者がクロウクロフト機に同乗して日本上空を飛んだ。彼は後に、日本の双発戦闘機が同機に体当たりを試みた身の毛もよだつような出来事の詳細を報道している。彼はまたラジオ番組のためにクロウクロフト夫人と他の乗員の身内にもインタビューし、彼らは全員、窮地に一生を得た幸運を喜んでいた。しかし放送後間もなく乗員たちの運命は暗転する。

　名古屋の南東、清州飛行場では5戦隊の辻本馨少尉が緊急出動命令を受け、二式複戦で離陸して行った。伊勢湾上空で彼と加藤政之伍長の乗った屠龍はクロウクロフト大尉のB-29に体当たりした。

　同機の航空機関士、マーヴィン・L・グリーン軍曹はこの激突で彼のそばにどんな大穴があき、自分が脱出したかを未だに忘れていない。航法士も一

昭和20年4月7日、伊勢湾上空でフランク・クロウクロフト大尉のB-29に体当たりした5戦隊の辻本馨少尉。B-29の乗員は3名を除いて全員が戦死した。辻本少尉と、同乗の加藤政之伍長も同様に戦死した。(Y Kumoi)

昭和20年4月13日、東京上空でエンジン2基を射撃で破壊された第500爆撃航空群、第882爆撃飛行隊の「ランブル・ロスコー」。同機はサイパンまで帰還できたが、そこで不時着しトラックに衝突してから土手に突っ込んだ。(Josh Curtis)

辻本馨少尉と、加藤政之伍長の両名の戦死後に授けられた感状。

感 状

飛行第五戦隊
陸軍少尉　辻本　馨
陸軍伍長　加藤　政之

右者昭和二十年四月七日敵B-29型約百五十機ノ編隊ヲ以テ名古屋要地ニ来襲スルヤ要地上空ニ於テ克ク其ノ一機ヲ捕捉シ猛然編隊中央ニ突進必殺ノ体当リ攻撃ヲ敢行シ以テ二機ヲ粉砕シ他ヲ混乱陥レ其ノ要地攻撃企図ヲ挫折セシメタルモ自ラモ亦壮烈ナル戦死ヲ遂グ
辻本少尉ハ資性温厚篤実ニシテ内烈々タル闘志ヲ有シ且実行力ニ富ミ　加藤伍長亦責任観念旺盛至誠至純ニシテ積極果敢ナリ
両名夙ニ志ヲ同クシ皇土防衛ノ重責完遂ニ必殺衝撃戦法ニ依ルニ如カズトノ堅キ信念ヲ有シヤリシガ偶々敵ノ大挙来襲ニ際シ相携ヘテ欣然出動初陣ヲ以テ其ノ初志ヲ貫徹シ悠久ノ大義ニ殉ズ　其ノ必墜攻撃ノ精神ト旺盛ナル責任観念ト眞ニ皇國軍人ノ亀鑑タルノミナラズ皇軍ノ眞髄ヲ発揮セルモノニシテ武功亦抜群ナリ
仍而茲ニ感状ヲ授与ス

昭和二十年四月二十九日

第十三方面軍司令官　陸軍中将　岡田　資

緒に出たが落下傘が完全に開かなかったため彼は戦死した。胴体射手2名も落下傘降下し、捕虜となって戦後に生還。残りの乗員は全員戦死した。

東京空襲同様、名古屋空襲も数多くの邀撃戦闘機を招き寄せた。爆撃機の射手は撃墜21機、不確実11機、撃破22機を報じ、超重爆は2機が失われた。第313、第314爆撃航空団は第73爆撃航空団に勝るとも劣らぬ戦果をあげ、名古屋の目標の94パーセント、工作機械200台以上を破壊したと判定された。

第73爆撃航空団は東京上空で超重爆3機を失った。第313、第314爆撃航空団は名古屋上空で2機を喪失。日本陸軍航空部隊は戦闘機119機で邀撃、撃墜14機、撃破40機を報じ、16機を失い、5機が重大な損傷を受けた［第10飛行師団の損害13機に加え、名古屋の第11飛行師団の5戦隊がB-29との交戦で二式複戦3機を失った。さらに海軍はB-29撃墜2機を報じたが9機を失っている。従ってこの日の邀撃戦闘機の損害合計は25機になる］。マスタングは撃墜21機、不確実6機、撃破6機を報じ、2機を失ったが、超空の要塞の射手たちは日本戦闘機を全部で80機撃墜したと信じている［第531戦闘飛行隊のロバート・G・アンダースン中尉機のP-51は落下タンク投下後、突如横転、降下反転し炎と煙を噴出させながら墜落、戦死。高射砲の射撃を受けたのか、燃料系統の故障なのかは不明。もう1機は硫黄島の320km手前で燃料切れのため落下傘降下、救助された］。

P-51マスタングによる初めての長距離戦闘機掩護は日本防空戦闘機隊の終焉の先駆けとなった。もはや双発戦闘機は昼間邀撃には使えなくなり、単発戦闘機の損害も劇的に増加しはじめることになる。

chapter 4
対B-29戦闘の最終局面
final phase against the B-29

　昭和20年4月1日、沖縄侵攻作戦が開始され、米海軍艦艇は6万名もの地上部隊の上陸に先立って艦砲射撃を行った。日本人の一部はサイパンの陥落によって日本の運命は窮まったと感じたが、沖縄の失陥はもはやほとんどの日本人を絶望させた。日本陸海軍は恐るべき劣勢のもと、沖縄作戦を支援する連合軍艦船に対する神風攻撃を実施した。

　チェスター・ニミッツ提督は神風攻撃機の基地である九州の飛行場の無力化を要請、ルメイ少将は特攻機の根拠地を壊滅させるよう命じられた。第XXI爆撃機コマンドの司令官は戦略爆撃機を飛行場のような戦術目標の攻撃に使っても満足な戦果はあげられないと信じていたので不承不承命令に従った。各部隊は目標として特定の飛行場をあてがわれ、産業都市を狙っていたときに比べれば、重高射砲や戦闘機の邀撃は軽微なものだった。

　北九州は陸軍航空部隊、本州西部、小月を基地にしている4戦隊のもともとの防衛地域だった。4戦隊はこの重要地域を守る唯一の陸軍部隊であると同時に、B-29との交戦経験を有していた。同戦隊の装備は双発のキ45改、屠龍だけであった。

昭和20年4月、空爆を受ける九州の飛行場。沖縄の周辺にいた米艦隊に大変な脅威を与えていた神風特攻隊の基地は南九州にあった。これらの基地をなるべく長時間にわたって使用不能にするため、B-29は通常の破片爆弾に加えて時限爆弾を数多く投下した。(US Navy)

昭和20年6月、東京近郊の柏飛行場でB-29の撃墜マーク6個を誇らしげに描いた70戦隊の吉田好雄大尉の二式単戦二型。彼の最後の撃墜戦果は昭和20年5月25日（夜間）に帝都上空で記録されたものであった。第XXI爆撃コマンドはこの日、さまざまな原因により26機のB-29を失い、これは一日に失われた超重爆の最高記録となった。(Y Izawa)

　2200km余りもの航続距離を有しているとはいえ、4戦隊のキ45が北九州から、特攻機の基地がある九州南部まで行くのは、同戦隊がすでに北九州の防空任務のみで手いっぱいであったことから非常に困難であった。この問題を解決するため伊丹にいた56戦隊が3月に臨時処置として福岡県の芦屋飛行場に飛来、5月まで同地の防衛に当たった。だが同戦隊の戦闘行動範囲は対爆邀撃機のいない北九州と、九州東部に局限されていた。56戦隊の装備機が［航続距離の短い］三式戦だったからである。

　九州方面の飛行場防空は最終的には、対B-29の戦闘経験に乏しい海軍が担うことになった。これまでの戦訓から零戦での超重爆邀撃はすでに適切でないことが判明していたが、鹿屋、小久保基地で九州方面の防空任務に着くようになった343空の新型戦闘機N1K2紫電改もまたB-29の邀撃には適さないことが明らかになった。陸軍4戦隊の操縦者たちはB-29邀撃に慣れていたが343空の海軍搭乗員はそうではなかった。実際、彼らの任務はこれまで、沖縄への特攻機の邀撃に出てくる米艦載戦闘機との交戦だったのである。

　343空の紫電改は九州上空を暴れ回るB-29の阻止はほとんどできず、少なくとも南九州の飛行場上空の防空だけでも十分に実施するため4月から5月にかけて、これまで東京上空でB-29と戦ってきた厚木基地の302空の雷電が鹿屋基地に呼び寄せられた。さらに鳴尾から332空、大村から352空の雷電が鹿屋に集められた。

　沖縄上陸に対するB-29の最初の支援作戦は4月8日、鹿屋を標的に第73爆撃航空団によって実施された。例によって日本の天候は不順で超重爆は目標を視認できず、やむなく鹿児島市内をレーダー照準で爆撃して引き上げた。戦闘機の邀撃はなく、B-29の被害もなかった。同じ日、第73、第313爆撃航空団は合同して作戦第60号、第61号として九州各地の飛行場に192トンの爆弾を投下、墜落したB-29はたったの1機だった［4月8日の損失1機は離陸後まもなく墜落、行方不明］。

　4月を通して、4戦隊は続々と飛来する超重爆に対して屠龍を出動させ、空対空特攻で操縦者3名を失った。たとえば、4月17日、第73、第313、第

314爆撃航空団は協同して全部で6回の作戦を実施、118機が各飛行場を襲った。4戦隊はこの攻撃を迎え撃ち、西村勲軍曹［と同乗者の後藤学伍長］が体当たり戦死したが、撃墜されたB-29はなかった。

　翌日、112機のB-29が前日の攻撃の仕上げにやってきた。今回は古川少佐率いる56戦隊の三式戦が戦いに加わり、芦屋から、大刀洗飛行場上空へとB-29の邀撃に飛来した。戦闘機は群れをなし、打撃を耐え忍んで進む第497爆撃航空群のB-29の回りを舞い飛んだ。左翼と尾部に被弾した「コーラル・クイーン」(42-24615)は燃料が漏洩をつづけ、硫黄島の沖でとうとう着水、救助された乗員はわずか3名だった。「テキサス・ドール」(42-24627)はなんと350発も命中弾を受けていたが、ひとりの負傷者も出さず無事に帰還した。

　古川少佐の僚機、吉野近雄軍曹は、まず少佐が攻撃航過を終えた後、対進攻撃でB-29に命中弾を見舞ったが超重爆の射手の反撃で傷ついてしまった。吉野軍曹はB-29の爆撃で被害を受けていた大刀洗飛行場への緊急着陸を試みたが、彼の三式戦は爆弾のクレーターにはまり逆立ち、軍曹は機外に放り出され、数日後、病院で死亡した。古川少佐は、僚機のB-29不確実撃墜戦果を認めている。

　一方「ゴナ・メイカー」(42-65231)の余命はあとわずかとなっていた。4戦

昭和20年4月18日、4戦隊の山本三男三郎少尉はB-29の編隊に突入、被弾した。彼のキ45はひどく発煙していたが、次の編隊に向かって降下して行き、ロバート・アンダースン中尉操縦の「ゴナ・メイカー」の右翼に体当たりした。同機の乗員は全員が戦死した。(M Kobayashi)

隊の特別攻撃隊[回天制空隊]指揮官、山本三男三郎少尉の二式複戦は第497爆撃航空群の編隊へと突入、真っすぐ同機に体当たりしたのだ。「テキサス・ドール」を操縦していたエド・カトラー中尉は「わたしは、尾部と（全幅40m以上もある機体の）右翼がほぼ全部切断され、分離してもまだ回り続けていた第4エンジンが魔法のように垂直に上昇してゆく様を、まるで魅せられたように見ていた」と回想している。

この作戦では2機のB-29が失われたが、米軍は各飛行場に436トンの爆弾を投下できた。参加した隊員たちは、対空砲火、邀撃戦闘機とも抵抗は軽微であったと報告している。神風攻撃を担当していた宇垣纒提督は、B-29が瞬発信管付きの破片爆弾と遅延信管付きの時限爆弾を投下してゆくので、飛行場の活動が爆撃後も長く妨げられ特攻作戦に遅れが生じていると米軍の爆撃にひどく腹を立てていた。

5月7日の九州方面飛行場爆撃は、第505爆撃航空群にとって真摯な体験となった。この神風攻撃機掃討の最終段階で、第313爆撃航空団は41機の超重爆を第一攻撃目標上空に送り出し、大分、宇佐、指宿、鹿屋の各飛行場に236トンの高性能炸薬弾を投下した。これら超空の要塞には掩護戦闘機が着いていなかったので屠龍は存分に活躍することができ、第505爆

4戦隊の空対空特攻隊。右端に座っている村田勉曹長は、昭和20年5月7日、「エンパイア・エクスプレス」に体当たり戦死した。各操縦者の袖に日章旗が縫い付けられていることに注目（同様に背後にあるキ45の機首に描かれた特攻隊の標識にも注目）。昭和20年にひどい火傷を負い落下傘降下した日本軍の操縦者が口がきけない状態で、彼を米兵と思い込んだ暴徒に殺されてしまった。そこで同じような悲劇の再発を防ぐため、陸海軍の全空中勤務者／搭乗員の飛行服に日の丸を縫い付ける命令が下されたのである。(via H Sakaida)

昭和20年6月、屠龍の横に立つ村田勉曹長。キ45の胴体にある書き込みは、本機が民間から陸軍に献納された機体であることを示している［陸軍への献納機は「愛国号」、海軍への献納機は「報国号」とされている］(H Nishio)。

撃航空群の3機が抹殺された［5月7日、敵機の攻撃によりB-29が1機、目標上空で墜落（12時7分）。多分、敵機によりB-29が1機、目標上空で行方不明（12時29分）。敵機によりエンジン2基を損傷させられたB-29が帰途、不時着水（10名救助）］。

　最初に撃墜されたのは、宇佐飛行場に爆弾を投下した直後、4戦隊の村田勉曹長機に体当たりされたジェイムズ・マッキリップ中尉の「エンパイア・エクスプレス」(42-63549)であった。キ45は激突と同時に炎上し、B-29もすぐに空中分解して村田機とともに落ちていった。残骸は大分県の八面山の麓に墜落した。戦後、墜落したB-29乗員の遺族が墜落地点の近くに慰霊碑を建立した。碑の裏側には米国の地図が彫り込まれ、各隊員の出身州の位置に銘石がはめ込まれている。村田曹長の慰霊碑もそのすぐそばに建立されている。

　彼の戦友、金子良一軍曹もこの日体当たり戦死したが、その状況は不明である。

　陸軍航空による最後の空対空特攻は、6月26日、第21航空軍が426機の

昭和20年5月、大阪の東、布勢でくすぶり続けるB-29の残骸。B-29が住宅地に落ちると、日本家屋の大半が木造であったことから、被害が大きく多数の生命も失われた。(Y Kumoi)

B-29を以て、本州の中部、名古屋、大阪および、その近辺にあった産業施設を爆撃した日に実施されたとされている。戦争もこの時期となると燃料と熟練操縦者の枯渇から戦闘機による邀撃はひどく弱々しいものとなっていた［大本営は来るべき本土決戦に備えて戦闘機を温存するため、邀撃を制限していた］。そしてもし、敢えて陸軍の戦闘機隊が出動しても強力な掩護戦闘機によってB-29への攻撃は妨げられてしまった。こんな状況下にあったにもかかわらず、石川少佐率いる第246戦隊の四式戦と、二式単戦24機は大正飛行場を離陸、邀撃戦を試みた。

熊野灘上空で第1中隊の中隊長、音成貞彦大尉と僚機の原実利伍長は12機からなるB-29編隊を攻撃した。彼らは両機ともB-29に体当たりして戦死した。音成大尉の最終記録は、B-29撃墜4機、撃破8機であった。この日、246戦隊はB-29撃墜6機を報じたが3名の操縦者を失った。

同日の第19爆撃航空群の第一攻撃目標は、名古屋北方の各務ヶ原にあった川崎航空機製作所であった。編隊の先頭は第28爆撃航空群のヴァン・R・パーカー大尉の「シティ・シカゴ」(42-94003)であった。この作戦はそもそも始まりからうまくゆかなかった。日本沿岸の空中集合地点は厚い雲に覆われ各機は編隊を保つのに苦労した。そこに日本戦闘機が飛来し、たちまちB-29を1機撃墜、ハンス・ガメル中尉機は墜落機の乗員を救助するために作戦を放棄せざるをえなかった（墜落機の乗員は潜水艦に救助された）。B-17に乗って欧州で激戦を経てきたベンジャミン・G・コーダス大尉が編隊を抜けたガメル機の位置に入った。

第19爆撃航空群は、空中集合に失敗した他の飛行隊のB-29を編隊に組み入れながら目標に向かって進みつづけた。彼らが海岸線を越えた頃、雲

激突の瞬間。昭和20年6月26日、中川裕少尉は白山上空でベンジャミン・コーダス大尉のB-29に体当たりした。彼は大戦中、B-29に体当たりした最後の陸軍操縦者といわれている。

は切れはじめた。

　視界が良くなったことでB-29は身を守るための編隊が組みやすくなり目標への航路もとりやすくなったが、それは日本戦闘機が攻撃位置につきやすくなるということでもあった。56戦隊の中川裕少尉と彼の僚機は三重県の白山上空で琵琶湖に向かって飛ぶ第19爆撃航空群の大編隊と遭遇した。2機の三式戦は対進攻撃を挑み、焼けつくような弾雨を浴びた。中川機は煙の尾を曳きながらパーカー機の針路へと入った。

　「機体は.50口径の射撃の轟音と振動に震えていた」とパーカーは回想する。「日本機はまだ近づいてくる。我々の防御弾幕に突入してきたこれまでの敵機が見ている間にそうなったように、こいつはどうして吹っ飛び、空中分解してしまわないのだろう。だが敵機は真っすぐ機首に向かい弾雨をくぐり抜けてきた。そうか俺はこんな風にして最後を迎えることになるんだと思い、衝撃に備えて体を強ばらせ、自分と部下の人生への訣別を思った」。

　中川機はパーカー機の右側を通過し、44-69873号機に打ち当たった。中央射撃管制手が「なんてこった。コーダス機がやられたぞ！」と叫ぶのが聞こえた。目撃証言によれば体当たりされたB-29は右翼を失った。三式戦は空中でばらばらになり、操縦者は機外に弾き出された。B-29の尾部射手、レスター・J・シェルターズ曹長だけが落下傘降下できた。彼は憲兵に拘留され、東海陸軍司令部に連行された。シェルターズは昭和20年7月に名古屋で処刑された。

　胴体を半分に切断されて落下傘で降下した中川少尉の遺体は、伊勢湾の西岸に近い久居の真光寺本堂の前に立つ松の木に引っ掛かっていたところを発見された。

　6月26日以降、まとまった数の日本戦闘機と遭遇することは稀になり、空

56戦隊で三式戦に乗って戦っていた中川裕少尉。
(Y Kumoi)

感狀

陸軍少尉 中川 裕

右者昭和二十年六月二十六日米空軍ノ大阪及名古屋地區ニ來襲ニ際シ名張上空ニ於テ北進中ノB29十一機ノ編隊ニ突入必殺ノ體當ヲ敢行シテ其ノ長機ヲ粉碎壯烈ナル戰死ヲ遂ク

少尉ハ皇土防衛ノ重任ヲ銘肝シ豫テヨリ深ク期スル所アリシカ當日敵機ヲ邀フルヤ敢然身ヲ挺シテ敵編隊長機ヲ撃墜シ悠久ノ大義ニ殉シタリ其ノ行動眞ニ軍人ノ龜鑑ニシテ其ノ武功亦拔群ト認ム

仍テ茲ニ感狀ヲ授與シ之ヲ全軍ニ布告ス

昭和二十年七月九日

第二總軍司令官 畑 俊六

昭和20年6月26日、B-29に体当たり戦死した中川裕少尉に授与された感状。

はB-29のものとなり、思うがままに飛べるようになった。陸軍航空部隊は侵攻機に対しては事実上ほとんど無力となり、残存兵力は秋に予測されている最終決戦に向けて温存されたといわれている［6月26日、B-29の喪失は6機。2機は原因未確認で行方不明。2機は目標上空で対空砲火のため墜落。1機は敵機の体当たりのため目標到達前に爆発。1機は対空砲火で損傷、硫黄島に帰還したが廃棄処分となった］。

　日本の生産能力は弱体化され、防空の手段は失われた。飛行機と訓練された空中勤務者は不足し、無線機材と照空灯の数も足りなかった。超重爆は、まさに終戦まで損害をこうむりつづけたが、その原因は大方、対空砲火と作戦上の事故によるものであった。

B-29の爆撃による日本の被害状況
Japanese Losses in the B-29 Campaign

　B-29の爆撃によって日本が受けた被害の統計は数多く一様ではない。ある資料は死者24万1309名、負傷21万3041名、被災家屋233万3388棟としている。だが、これらの資料を保存していた公共施設自体が空襲で被災してしまったので誰にも本当のことはわからない。

　正確な被災者が何人であったにしても、膨大な人命が失われたことは間違いない。戦災孤児の群れが東京と、その他、大都市の路上に溢れ、市民

焼夷弾攻撃によって引き起こされた典型的な大火災の例、昭和20年8月2日夜の富山空襲［市街の98パーセントが焼失し、2275名が死亡］。この作戦では1機のB-29も失われなかった。第ⅩⅩⅠ爆撃コマンドはまさに8月15日、日本の無条件降伏のその日まで攻撃をつづけた。(Josh Curtis)

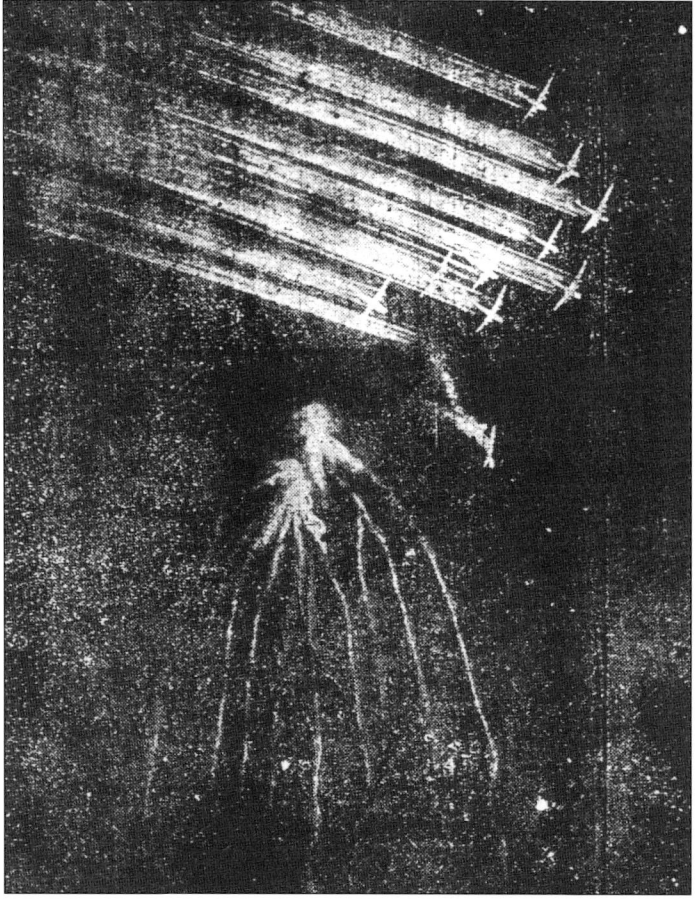

この劇的な写真は、昭和20年6月1日、B-29乗員チェスター・マーシャルが撮影したものである。「V-45号」の左翼内側エンジンの下側に、高射砲の直撃を受けて機首を上げ、錐揉みに入る直前の第499爆撃航空群、第877爆撃飛行隊のウィルカースン大尉操縦の「アボード・ウィズ・イレヴン・ヤンクス」が見える。同機の乗員は誰も助からなかった。(Josh Curtis)

墜落する「アボード・ウィズ・イレヴン・ヤンクス」を捉えた新聞写真。

の多くは直接であれ間接にせよ空襲の大規模破壊によってなんらかの被害を受けていた。

　日本の五大都市、東京、大阪、神戸、名古屋、そして横浜は完全に破壊された。さらに、もう少し小さな都市、広島と長崎は原子爆弾によって消滅した。産業の中心となっていた地域は廃虚となり、不正確な爆撃によって小さな町村も被害を受けた。

　多くの戦線で戦っていた連合軍は日本軍に対する戦いの潮目を変え、遂には打ち倒した。米国の科学力と、工業力が生み出した先端兵器であるB-29がその戦いに及ぼした影響は決して小さくはない。無条件降伏のやむ

昭和20年6月1日、高度5760mから投弾したB-29が撮影した大阪港の様子［大阪の北西部に被害が集中。死者3500名］。この日は高射砲と防空戦闘機が激しく反撃、10機の超空の要塞が失われた。(Josh Curtis)

なきに至った原因は数々あるが、日本人はボーイングB-29に最後のとどめを刺されたのだと信じている。

捕虜となったB-29乗員の運命
The Fate of Captured B-29 Crews

　1905年の日露戦争で、また第一次大戦（日本は連合軍側として参戦しドイツ兵を捕虜としていた）で、日本は捕虜を模範的に取り扱った。日本は国際規約と慣習を遵守していたのだ。だが、この国の捕虜に対する取り扱いは第二次大戦で劇的に変容した。

　政府も軍の指導者も、国民や将兵へのジュネーブ協定の周知徹底にほとんど力を尽くさなかった。日本政府は太平洋戦争の開戦に当たって、捕虜の取り扱いに関する同条約を尊重すると宣言したにもかかわらず、その内容を公式に布告しなかった。

　東條英機首相は、そのかわりとして開戦初頭、戦陣訓と呼ばれる前線軍人の心得を下達した。それは戦場で捕虜になるのは恥辱であると教えていた。この原則は演習場で、または戦場で絶えず強調されたため日本軍の将兵はいつも最後のひとりが戦死するまで戦った。結果として、捕らえられた敵の将兵は侮辱的な取り扱いを受けることとなった。

　捕虜に対する非人道的で野蛮な取り扱いは日本軍の自軍将兵へのやり方に通じるものであった。日本軍は将兵の生命を軽んじ、峻厳で口汚い罵りが横行する組織であった。教育中は、わずかな過ちを犯した若年兵を殴

昭和20年6月5日、高射砲に撃たれ、神戸の水田に墜落した第29爆撃航空群、第525爆撃飛行隊のB-29、44-70008の残骸［6月5日のB-29損害（出撃530機）、3機が敵機のため、3機が対空砲火、3機が敵機と対空砲火、1機が硫黄島に墜落、1機が未確認の原因。喪失合計11機。損傷は139機。43機が硫黄島に着陸。日本機視認125機、攻撃回数672回。B-29の射手は86機撃墜、31機不確実、78機撃破を報告。爆撃による死者3184名、神戸市は完全に破壊された］。(Y Kumoi)

打することが訓練の一環とされていた。下士官は言葉と暴力による侮辱と恐怖によって、若い兵を何の疑問も挟まず命令に盲従するロボットに仕立て上げた。憐れみや同情心をはぎ取られ、不利な戦況への怒りと怨恨に満たされた兵は、逃げ場のない捕虜に報復したのである。

日本の軍警察、憲兵隊は捕らわれたB-29乗員に対する暴虐な取り調べで悪名が高い。日本国民ですら彼らを恐れ嫌悪していた。尋問者は西欧的な心理や価値観とは無縁で、拷問という粗野な手段を行使した。このような加虐的な状況下で乗員たちから引き出された情報はほとんど無意味だった。

京都の歴史家である福林徹は最近、B-29墜落地点とその乗員の運命を長期にわたり詳細に調査した。彼はGHQの文書、横浜での戦犯裁判の口述書、日本人の目撃証言と米国のMACR（不明搭乗員報告書）をもとに調査している。そして以下の結果を得た。

B-29の乗員を含む、おそらく545名の連合軍飛行士が南西諸島を含む日本本土で捕らえられた（小笠原と千島はこれに含まれない）。うち29名（1名は英軍操縦者）は遺体で発見されたか、捕捉に至る以前に殺害されていた。これには捕らえられた現場から、憲兵隊に引き渡される途上で死亡した者も含まれる。94名は負傷から、あるいは災害、医学的治療の欠如、監禁中の事故で死亡した。このうちの52名は東京陸軍刑務所で5月26日のB-29による焼夷弾攻撃で焼死、11名は中国憲兵隊本部に監禁中、8月6日、広島

昭和20年6月5日、神戸上空で死に向かって落ち行くB-29。生存者がいたかどうかはわからない［この日は明野教導飛行師団から檜與平少佐率いる五式戦28機が出動、伊賀上野上空6000mで約250機のB-29大編隊と交戦。檜大尉機が先頭となり、前方やや下方から突進射撃。つづく全機がそれを反復。阿部司郎少尉、日比重親少尉が体当たり戦死、落下傘降下2名、ほとんどの五式戦が被弾したが、撃墜6機、不確実5機、撃破6機を報じたのをはじめ、5戦隊（大阪上空）、56戦隊（神戸上空）など総計70機が邀撃に上がり、7名が戦死したものの、おそらく高射砲によるものを含めて撃墜30機、撃破64機の戦果を発表している］。(Y Kumoi)

に投下された原子爆弾で殺された。さらに132名が処刑され、7名の英軍操縦者を含む290名が捕虜収容所から解放された。日本の捕虜収容所からの生還率は53パーセントということになる。

　日本の最高戦争指導者には捕虜飛行士の取り扱いに関するふたつの秘密通達書が配付されていた。最初のものは、昭和17年7月28日、ドーリットル空襲の後に陸軍大臣補佐官の名のもとに配付された。それには国際交戦規約に違反した者は戦争犯罪人として扱われ、規定に違反していない者は戦争捕虜として扱われると謳われている。2番目の通達書は昭和19年9月8日に配付され、無差別爆撃は戦争犯罪を構成し、死刑に処せられるべきであると述べている。

伊丹飛行場に近い長興寺に建立された56戦隊戦死者の慰霊碑の脇に立つ、昭和19〜20年に戦隊長を務めた古川治良少佐。56戦隊はB-29を11機撃墜したと報告する一方、操縦者30名を失った。写真は1998年10月24日に撮影。(K Takai)

捕虜の取り扱いは、その軍管区により異なっていた。名古屋を中心とした東海、近畿、大阪を含む中部軍管区、九州、福岡を含む西部軍管区ではB-29の乗員に即決の軍事裁判で死刑判決を下し、処刑は即座に実施されていた。ある者は憲兵隊によって勝手気ままに処置された。従って名古屋、神戸で墜落したB-29の乗員は東京周辺に落ちた者より処刑されてしまう確率が高かったようだ。

　戦後、横浜で捕らえられたB-29乗員に対する虐待ないし、不法な処刑を問う、B級、C級戦犯の裁判が数多く行われ、捕虜収容所の運営に当たっていた高級将校と看守は審理を受け有罪とされた。処刑されなかった者には様々な期間の有期刑が宣告された。

　昭和24年、日米和平条約が締結され、その翌年、朝鮮戦争が勃発した。合衆国政府は朝鮮戦争の開戦につづいて(日本に対する)政治的な配慮から、親善を表す手段として戦争犯罪人を釈放、その管理は日本政府に一任した。しかし全ての受刑者がこの時期に解き放たれたわけではない。たとえば懲役25年を宣告されたある者は昭和32年まで釈放されなかった。

　戦争犯罪人の釈放は合衆国政府による新たなる戦いに対する支援を得、アジアで増大するソ連邦と共産中国の脅威に対抗する同盟国として日本が必要になったため政治的な動機で実施されたものであった。

2000年9月、コロラド州のコロラド空軍大学に寄贈されたB-29の記念碑。これはB-29の製造に従事した男女、整備を担当した者たち、そして本機に乗って戦った乗員たちに捧げられたものである。
(Hap Halloran)

付録
appendices

補遺1.
B-29の損失 （戦闘出撃時における作戦上の事故機も含む）

	日付	目標	損失
第XX爆撃コマンド	昭和19年6月15-16日から20年1月6日	八幡、大村	38機
（第58爆撃航空団）	昭和19年7月7日から12月21日	満洲	18機
			合計 56機
第XXI爆撃コマンド	昭和19年11月24日から20年1月27日	東京方面	50機
	昭和20年3月27-31日	大刀洗飛行場	1機
	昭和20年3月27日から8月8日	機雷敷設	9機
	昭和20年2月4-25日	東京方面	24機
	昭和20年3月4-31日	東京方面	27機
	昭和20年4月1-30日	東京方面	39機
	昭和20年4月8日から5月11日	九州方面飛行場	23機
	昭和20年5月10日から6月30日	東京方面	98機
	昭和20年7月1日から8月15日	地方都市	33機
			合計 304機
			総計 360機

補遺2.
日本陸軍航空の対B-29戦果上位者

このリストはB-29を撃墜したと主張、または撃墜したとされている操縦者の氏名である。どんな操縦者であれ、単独で1機の超重爆を撃墜するのはほぼ不可能に近かった。彼らはしばしばB-29が発煙するか、編隊から脱落すると、いずれ墜落するものと見なしていた。特定の作戦に関して両軍の記録を対照してみると、多くの戦果報告が楽観的に過ぎていたとことがわかる。ほとんどの場合、撃墜戦果報告は実際に失われた数よりも遙かに多かったのである。

操縦者	部隊	B-29撃墜報告数	注記
伊藤藤太郎大尉*	5戦隊	17機	B-29撃破20機
白井長雄大尉	244戦隊	11機	さらにF6F撃墜1機
市川忠一大尉*	244戦隊	9機	さらにF6F撃墜1機
河野涓水大尉	70戦隊	9機	戦死
木村定光少尉*	4戦隊	8機	戦死
樫出勇大尉*	4戦隊	7機	ノモンハンで7機撃墜
小川誠少尉*	70戦隊	7機	さらにP-51撃墜2機
吉田好雄大尉	70戦隊	6機	
根岸延次軍曹*	53戦隊	6機	
佐々木勇准尉*	航空審査部	6機	総撃墜戦果38機
鳥塚守良伍長*	53戦隊	6機	
西尾半之進准尉	4戦隊	5機	
鷲見忠夫准尉*	56戦隊	5機	さらにP-51撃墜1機
川北明准尉	9戦隊	5機	昭和19年に戦死
緒方醇一大尉	56戦隊	4機	B-29に体当たり
音成貞彦大尉	246戦隊	4機	B-29に体当たり
保谷勇曹長*	5戦隊	4機	
小宅光男大尉*	18戦隊	4機	体当たり生還
川村春雄大尉	18戦隊	4機	体当たり生還
安達武夫少尉	55戦隊	4機	戦死
小林政公二少佐	4戦隊	4機	
代田実中尉	55戦隊	4機	戦死

操縦者	部隊	B-29撃墜報告数	注記
吉沢平吉中尉	47戦隊	4機	体当たり戦死
内田実曹長	4戦隊	3機	
森本辰男曹長	4戦隊	3機	戦死
佐々利夫大尉	4戦隊	3機	
藤本清太郎軍曹	4戦隊	3機	
山田友橘軍曹	23戦隊	3機	
藤本研二曹長*	246戦隊	3機	体当たり2回生還、戦死
黒江保彦少佐	航空審査部	3機	総撃墜戦果30機
坂戸篤行少佐	70戦隊	3機	
中垣秋男軍曹	53戦隊	3機	
オオタニ・キヨシ伍長	70戦隊	3機	
緒方尚行中尉*	59戦隊	3機	さらにF6FとP-51撃墜各1機
坂口喜生准尉*	5戦隊	3機	
中野松美軍曹*	244戦隊	3機	さらにF6F撃墜2機
小林照彦少佐*	244戦隊	3機	さらにF6F撃墜2機

*印は武功章受章者

補遺3.
B-29が陸軍航空戦闘機の体当たり攻撃を受けた作戦

[B-29乗員による米軍報告から著者が確認しえたものだけと思われる。日本側資料によればさらに多くの体当たり攻撃が行われたとされている。いずれにせよ肉薄射撃の結果、誤って接触、または衝突した例も少なくなかったであろう]

	作戦番号	日付	目標	航空団	参加B-29	喪失数
第XX爆撃コマンド	7号	昭和19年8月20日	八幡	58	88機	14機
	19号	昭和19年12月7日	奉天	58	108機	7機
	23号	昭和19年12月21日	奉天	58	49機	2機
第XXI爆撃コマンド	7号	昭和19年11月24日	東京	73	111機	2機
	10号	昭和19年12月3日	東京	73	86機	5機
	12号	昭和19年12月13日	名古屋	73	90機	4機
	13号	昭和19年12月18日	名古屋	73	89機	4機
	14号	昭和19年12月22日	名古屋	73	78機	3機
	16号	昭和19年12月27日	東京	73	72機	3機
	17号	昭和20年1月3日	名古屋	73	97機	5機
	18号	昭和20年1月9日	東京	73	72機	6機
	24号	昭和20年1月27日	東京	73	76機	9機
	29号	昭和20年2月10日	太田	73/313	118機	12機
	37号	昭和20年2月19日	東京	73/313	150機	6機
	34号	昭和20年3月15日	名古屋	73/313	117機	1機
	43号	昭和20年3月16-17日	神戸	73/313/314	330機	3機
	58号	昭和20年4月7日	東京	73	107機	3機
	59号	昭和20年4月7日	名古屋	313/314	194機	2機
	70-75号	昭和20年4月17日	九州	73/313/314	118機	0機
	76-81号	昭和20年4月18日	九州	73/313/314	112機	2機
	151-54号	昭和20年5月7日	九州	313	41機	3機
	186号	昭和20年5月29日	横浜	73/313/314	454機	7機
	189号	昭和20年6月7日	大阪	73/313/314	409機	2機
	223-31号	昭和20年6月26日	大阪/名古屋	58/73/313/314	426機	6機

カラー塗装図　解説
colour plates

1
二式単座戦闘機（キ44）「鍾馗」二型乙
昭和19年10月　調布飛行場　飛行第47戦隊第3中隊
連合軍のコードネーム「トージョー」として知られているキ44は陸軍航空でもっとも上昇力の優れた戦闘機であった。この鍾馗は軽量なキ43隼や、キ61飛燕に比べるとトラック並の飛び方だったが武骨でB-29の邀撃には適切な機体だった。本機は空冷エンジンとずんぐりとした形から米軍のP-47サンダーボルトや、海軍の雷電と見間違われることも多かった。キ44二型の標準武装はホ103、12.7mm機関砲4門だが、二型乙には主翼に40mm自動噴進砲（ロケット砲）を搭載した機体もあった。また、この機体は乙型の標準装備であった筒型の照準器を光像式に改めている。

2
三式戦闘機（キ61）「飛燕」一型　昭和19年11月
調布飛行場　飛行第244戦隊第2中隊　鷲見忠夫曹長
本機の操縦者、鷲見忠夫（すみただお）曹長は1916年に岐阜県で生まれた。彼は1930年代の中盤に陸軍に入営、当初は歩兵として上海と南京で勤務、1941年の2月に航空に転科、飛行訓練を受けた。彼はその年の11月に卒業、1942年4月のドーリットル空襲の後に本土防空部隊として編成された244戦隊に配属された。1944年の暮れ、B-29邀撃に飛ぶようになると彼は日本国民の英雄となった。最初の空襲に先立って彼は同じ三式戦装備の56戦隊に転属となり、終戦まで毎日のようにB-29と戦った。鷲見曹長がもっとも活躍したのは1945年3月13日の夜、大阪上空で、彼は単機を以てB-29に繰り返し攻撃を敢行したのである。乗っていたキ61の燃料が尽きて落下傘降下を余儀なくされるまでに彼はB-29撃墜4機、撃破3機を報じたのである［戦闘後与された異例の個人感状では4機に致命的損傷を、3機には大きな損傷を与え、戦果は撃破7機とされている］。厚い雲で機位を失った彼は脱出の際に尾翼に当たり肩を骨折、回復まで3カ月間入院することになってしまったが、第15方面軍司令官、河辺正三大将から個人感状を授与され、准尉へと特別進級した。1945年6月21日、鷲見准尉は武功章甲（最高級の武功に対する名誉勲章）の叙勲を受けた。彼はその月の暮れ、ふたたび軍務に戻り、また負傷したが屈せずに飛び続けた。終戦までに鷲見准尉はB-29の撃墜4機、撃破5機を報じ、さらにP-51の撃墜も1機公認されている。彼は1985年7月25日に逝去した。

3
二式複座戦闘機（キ45改）「屠龍」　昭和19年11月
松戸飛行場　飛行第53戦隊第3中隊　根岸延次軍曹
根岸延次軍曹は本土防空戦で53戦隊のB-29ハンターとなった。彼は1924年、埼玉県で生まれ、1939年10月に陸軍東京航空学校に入校した。1942年、卒業とともに彼は帝都防空のため編成されたばかりの244戦隊に配属された。その後間もなく18戦隊に移り、さらに53戦隊に転属となった。両戦隊とも日本本土に配置された部隊だった。後者はキ45専用の戦隊で、本土上空でB-29と格闘することになった。同戦隊の屠龍の垂直尾翼には図案化された「53」の文字が描かれている。根岸軍曹が初めて夜間戦闘に参加したのは3月10日で、照空灯に照らし出された超重爆の編隊を発見し、上向き砲による正確な射撃で2機撃墜を報じたのである。7月9日、彼の対B-29の敢闘と戦果に対して武功章が授けられた。彼は終戦までにB-29の撃墜6機、撃破7機を報じている。

4
二式単座戦闘機（キ44）「鍾馗」二型乙　昭和19年暮れ
成増飛行場　飛行第47戦隊震天制空隊　坂本勇曹長
震天制空隊は、首都圏を防衛する第10飛行師団が各戦隊に編成を命じた特別攻撃隊であった。その戦法は空中でB-29に体当たりするというもので、この32号機は尾翼を真っ赤に塗装し特別攻撃機であることを示している。鍾馗は試験飛行でなら高度5000mまで4分余りで上昇することができ、高度11200mで巡航することができた。とはいえ、燃弾を満載した実戦荷重状態では少々性能が低下したことだろう。
［12月22日、坂本曹長は成増上空12000mで待機、B-29の20機編隊に直上から体当たり。超重爆の尾翼に当たり、衝撃で機外に放り出されたが、牛込第一陸軍病院に落下傘降下、重傷を負っていたが一命を取り留めた］

5
百式司令部偵察機（キ46）三型改　昭和19年12月
大正飛行場　独立飛行第16中隊
この百式司偵は尾翼に菊水のマークを描いている。多くの特攻機がこのマークを使っているが、これ自体は神風特攻隊を表すものではない。第73爆撃航空団は、この高高度偵察機を生産している名古屋の三菱航空機製作所を狙った。大阪の大正飛行場を基地にする独飛第16中隊は［第11飛行師団の］第18飛行団に所属していた。キ46三型の高度6000mでの最高速度は630km/hで、実用上昇限度は10500mとされていた。キ46三型改は武装してはいなかったが、高高度で本土上空を哨戒することによって、B-29の邀撃に大きく貢献していた。

6
キ46三型改「防空戦闘機（武装司偵）」　昭和19年12月
調布飛行場　独立飛行第17中隊
独飛第17中隊は帝都防空を担当する第10飛行師団の麾下にあった。同部隊が有していた百式司偵は日本陸軍ではもっとも高速の双発機であったが、8000mまでの上昇に20分以上を要するという上昇力の低さからB-29の邀撃には適していなかった［武装司偵は兵装分の重量増加で上昇力が落ちたが、二式複戦、三式戦、四式戦よりも早く10000mの高度に達することができた］。本機はホ-5、20mm機関砲2門を機首に備え、操縦者と偵察者席の間にホ-203、30mm上向き砲を搭載している。キ46三型改はB-29の邀撃にい

くらかの戦果をあげている。

7
キ46三型改「防空戦闘機（武装司偵）」　昭和19年12月
東金飛行場　飛行第28戦隊　北川鉞夫軍曹

1944年12月27日、北川鉞夫軍曹は本機を以て、B-29撃墜1機（不確実）と撃破2機を報告した。彼の機体は超重爆からの反撃砲火で損傷し、東金飛行場への緊急着陸を強いられた。この空戦の後、本機の胴体後半には操縦者の戦果を示す、黄色い星ひとつ（撃墜）と、白い星ふたつ（撃破）が描かれた。尾翼の白縁付きの赤丸は戦隊標識、白線2本は第2中隊を示している。

8
二式複座戦闘機（キ45改）「屠龍」甲　昭和19年暮れ
小月飛行場　飛行第4戦隊第2中隊　樫出勇中尉

1944～45年にかけて樫出中尉は本機を用いて、日本本土上空のB-29に対する対進からの必殺戦法を完璧に磨き上げた。彼はこの戦法で注目すべき成功を収めB-29を26機余りも撃墜したと主張している。樫出中尉の屠龍は37mm砲を主装備とし、後席の偵察者席の7.92mm機関銃は、護衛戦闘機のP-51や、P-47には無力であった。

日本陸軍航空部隊による本土防空戦の後半期、樫出中尉の名前は「B-29撃墜王」として知られていた。1915年、新潟県で生まれた樫出少年の戦闘乗りになりたいという夢は、1934年2月、飛行学校への入校で現実のものとなった。彼は11月に卒業、まずは1戦隊に配属された。

1938年7月、彼は北支（中国北部）にいた59戦隊に転属、だがその当時、このあたりで中国空軍機との実戦の経験を積める機会はすでになかった。しかし翌年9月、キ27九七式戦闘機を配備された戦隊はノモンハンへと出陣、彼は前年得られずに失望を味わった実戦の経験を十分に積むことができた。この戦いの末期、彼は8機のI-16戦闘機と格闘し、うち2機の撃墜を報じたが、彼自身も危うく撃墜されてしまうところだった。ノモンハン事件が終わる、7機撃墜を公認された彼は中支（中国中部）の漢口へと移動した。

1940年、台湾の4戦隊に配属され旧式の九七戦で防空任務に就いていた時、彼は太平洋戦争の開戦を迎えた。数週間後、戦隊はフィリピン攻略作戦に参加したが、彼が新たな戦果を記録する前に部隊は小月に帰還した。

1943年の中盤、戦隊にはキ45二式複戦が配備されたが、やがて同機は本来想定されたい爆撃機の長距離掩護任務には不向きな機体であることが判明した。しかし機首に37mm砲、機体に20mmの上向き砲が装備された時、本機は文字通り「屠龍・龍を屠る者（ドラゴン・スレイヤー）」に変容した。

1944年6月15～16日の夜、中国大陸を基地とするB-29が初めて日本本土を襲った。この作戦は八幡製鉄所を破壊するための作戦で彼らは樫出中尉と彼の戦隊他、日本陸軍航空部隊に遭遇した。邀撃戦終了後、彼は超重爆を2機撃墜、3機目の墜落は確認できなかったと報告した。8月20日にも樫出中尉は戦果をあげ、この昼間邀撃で撃墜3機、撃破3機を報じた。

彼は間もなく数えきれないほどの超重爆との交戦、これら実戦体験の中から独特の戦術を編み出し部下にも厳しく演練させた。戦後数年を経て彼は以下のように回想している。

「1000m以内で攻撃態勢に入る。B-29は機関砲13門を備えており、対進で向かうとうち10門に直面する。わたしは常に先頭を飛び真っ先に攻撃した。いつも雨あられと飛ぶ曳光弾を浴びる。銃幕は十字に交差するように迫り非常に恐ろしい。弾幕が目に飛び込んでくるように感じる。気持ちのいいもんじゃない。こんな時は目を閉じてみつつ数える。目を開けると、敵機はもう前方200mに迫っている。目標から150から200mで照準線を定め、100mで機首を下げ、80mで発砲、ただちに降下、真っすぐに急降下する」

1945年1月27日、樫出中尉は東京上空で第499爆撃航空群、第878爆撃飛行隊のB-29、「ローヴァー・ボーイ」を対進からの37mm砲の一撃で撃墜した［この日、撃墜6機を報じている53戦隊機か、常陸教導飛行師団機の戦果ではないかと思われる。防衛総司令部が、東部、中部、西部の各飛行師団を統一指揮し固有の防衛地域を越えて邀撃に当たらせ始めたのは昭和20年3月以降なので、この日、九州（西部）防空担当部隊の樫出中尉が東京上空で戦った可能性は低い］。B-29の大群に対する卓越した戦果に対して、5月8日、樫出中尉に武功章が授与された。

「飛行第4戦隊附、陸軍中尉、樫出勇、右者昭和20年3月27日米空軍北九州来襲に際し要地上空付近に於ける敵機B-29に対し肉迫果敢なる攻撃を断行し3機撃墜3機撃破の赫々たる戦果をあげたり。如上樫出中尉の行動は熾烈なる敢闘精神と優秀なる戦技とを以て克く多数の醜翼を撃砕し皇軍戦闘飛行隊の精華を発揮せるものにして其の武功顕著なり。仍て茲に武功徽章を授く。昭和20年5月8日、第16方面軍司令官、陸軍中将従三位勲一等、横山勇［『陸軍航空英雄列伝』、モデルアート社より、原文はカタカナ書き、句読点は訳者］」

終戦までに樫出中尉はB-29の撃墜26機を報じ、またノモンハンではソ連機の撃墜7機を報告している。彼の戦果については歴史家と元中勤務者たちの間で幅広く議論された結果、今日ではB-29撃墜7機に加えて、1939年に落とした戦闘機2機が彼の実戦果ではないかといわれている。もしこれが真実としても彼の功績は並外れたものである。日本陸軍の操縦者の多くが、単独機の攻撃によっては、B-29を1機落とすことさえまったくもって困難であると認めているからだ。

樫出中尉は原子力時代幕開けの目撃者でもあった。彼は空中で、広島、長崎へ投下された原子爆弾の爆発を視認したのである。

1985年9月17日、樫出大尉は彼が40年前に撃墜した「ローヴァー・ボーイ」の航法士レイモンド・「ハップ」・ハロランと面会した。彼らは手を握り合い、友愛精神が数十年間に及ぶ平和を作り出し、また自分たちがあの戦争に生き残れたことへの感慨を披歴した。

9
三式戦闘機（キ61）「飛燕」一型丁　昭和19年12月
調布飛行場　飛行第244戦隊震天制空隊　四宮徹中尉

他の空対空特攻部隊機が武装をすべて撤去していたのに対して、244戦隊のキ61は武装をすべて残していた［実際には軽量化のため20㎜機関砲2門を撤去していた］。尾翼が真っ赤に塗られた同戦隊の三式戦はさらに個人名の頭文字を白で方向舵に描いている。本機の場合は四宮を示すカタカナの「シ」が描かれている。本機は1944年12月3日の空対空特攻で左翼の先端を失ったが、四宮中尉は調布飛行場まで戻り無事着陸、その敢闘に対して武功章が授与された。1945年4月29日、四宮中尉は特攻隊長として沖縄で戦死。死後、二階級特進し少佐となった。

10
三式戦闘機（キ61）「飛燕」一型丙　機体番号3024
昭和20年1月　調布飛行場　飛行第244戦隊
小林照彦大尉

小林照彦少佐は日本本土防空戦の後半に颯爽と登場した英雄であった。1920年に生まれた彼は、1930年代後半、陸士第53期として士官学校を卒業。当初は砲兵少尉となったが、すぐに航空に転科、軽爆を専攻し、卒業後は45戦隊に配属された。
太平洋戦争の開戦に当たっては香港爆撃に参加、1943年の中ごろには様々な実戦経験を積んだ熟練操縦者として満洲の66戦隊に勤務していた。戦隊が拡大再編成される際に彼は戦闘機操縦者への転科を決め明野飛行学校に配属された。1943年11月、大尉に進級し、1944年6月、戦闘機の教育課程を終えたが彼は教育将校として内地に留まることになった。
1944年11月、彼は後に本土防空戦での超重爆との敢闘で皆に知られることになる244戦隊の戦隊長を命じられた。戦隊は優美な姿の三式戦、飛燕を装備、東京の西方、調布飛行場を基地にして首都圏の防空を担当することになっていた。24歳の小林大尉は日本陸軍航空最年少の戦隊長として、率先垂範、身をもって戦隊を指揮した。1944年12月3日、小林大尉自身が一撃でB-29を撃墜したのを始め、戦隊は空対空特攻などで撃墜6機を報じた（操縦者は全員生還）。12月22日、彼は渥美半島上空でB-29の撃破1機を、1月9日にも同じく超空の要塞撃破1機を報じたが、反撃で彼の飛燕も傷つき緊急着陸を強いられた。18日後、小林大尉は体当たりでB-29撃墜1機を落としたが落下傘降下で死を免れ負傷も鼻梁への切り傷のみだった。244戦隊の敢闘は当時の新聞に毎日のように掲載され小林戦隊長の名声も日に日に高まっていった。4月12日、彼はB-29を1機撃破したが、また反撃を受け脚を負傷した上、落下傘降下しなければならなくなった。翌月、彼の戦隊は部隊感状を授与され同時に小林大尉自身にも武功章が授けられた。
7月25日、小林少佐は爆撃機以外は邀撃禁止という命令に背いて四日市飛行場で襲撃してきたヘルキャットを迎え撃った。彼と部下たちは優れた性能のキ100「五式戦」で離陸、格納庫の屋根すれすれの低空で格闘戦を演じ、米海軍の空母「ベロー・ウッド」からやってきた米海軍第31戦闘飛行隊（VF-31）のヘルキャット10機を撃墜したと報じたが、実際に失われたのはたがいに2機ずつであった。新聞はこの大勝利を嗅ぎつけたが、この若い指揮官は軍法会議に問われる重罪を課されることになった。だが彼の戦功が天皇の上聞に達し、御嘉賞の言葉を賜ったため軍法会議はただちに沙汰止みとなった。
小林少佐の撃墜戦果は5機、B-29が3機、ヘルキャットが2機であるが、戦後、誤って彼の戦果をB-29撃墜10機、戦闘機2機とした歴史家がいた。そのため彼は陸軍最高のB-29撃墜王に祭り上げられたが、その根拠は小林少佐未亡人の個人的な談話と、数多くの撃墜マークを描いた機体に乗る彼の写真であった。その後、日本の研究者、櫻井隆氏が旧隊員等への聞き取り調査などによって、もう少し数は少ないが事実にのっとった戦果を調べ出したのである。
戦後、小林少佐は航空自衛隊に参加したが、1957年6月4日、悪天候の中、T-33ジェット練習機で浜松飛行場に着陸を試みた際に事故で殉職した。飛行に支障が生じた時、彼はまず同乗の部下に脱出を命じた。小林少佐はその最後に至るまで英雄であったのである。
図の飛燕は小林少佐が何度も本土防空戦で使用した機体で、操縦席の下には彼が落としたことを示すB-29のシルエットが4機描かれている。彼が新しい機体に乗り換えると、彼の機付長がただちにこの戦果を描き移していた。終戦までに、彼の機体は14機の撃墜マークで飾られることになるが、ここには撃墜ではなく、撃破を報じた戦果も描き加えられていたのである。戦後の研究者の多くは、この機体を写した写真を証拠に彼が撃墜14機を公認されていると考えたが、彼の実戦果はB-29撃墜3機、ヘルキャット撃墜2機、そしてB-29撃破9機であった。

11
三式戦闘機（キ61）「飛燕」一型丁　機体番号3295
昭和20年1月　調布飛行場　飛行第244戦隊戦隊長
小林照彦大尉

小林照彦大尉が、前のカラー図で示した3024号機と同時に使っていた機体で、この3295号機は1945年1月27日に富士山上空高度9000mで体当たりを行った際に登場していた機体である。彼は無事落下傘降下し、負傷も鼻梁を切っただけという軽いものだった。

12
三式戦闘機（キ61）「飛燕」一型丁　昭和20年1月
調布飛行場　飛行第244戦隊本部小隊　安藤喜良軍曹

1月27日、小林戦隊長の僚機を務めていた際、彼はB-29（42-63541、第497爆撃航空群のダール・ペタースン大尉操縦）に富士山上空で体当たりした。戦隊長と違って彼は衝突で戦死し、傷ついた飛燕は東京湾北部の千葉県船橋市に墜落した。

13
三式戦闘機（キ61）「飛燕」一型丁　昭和20年1月
調布飛行場　飛行第244戦隊　板垣政雄軍曹

板垣政雄軍曹はB-29への空対空特攻である震天制空隊の隊員であった。尾翼には白いカタカナで板垣の「イ」が書き込まれている。12月3日、板垣伍長は東京上空で第498爆撃航空群のB-29（「T-49号」、「ロング・ディスタンス」）に体当たりして、損傷させ、無事落下傘降下生還、この功績に対して武功章を授与された。1月27日、彼はふたたび

B-29に体当たりし、また落下傘降下で生還、ふたつ目の武功章を授けられた。3月から5月にかけて、板垣軍曹は沖縄で特攻機の掩護任務についた。彼は戦争を生き延びた。武功章を二度授けられたのは彼を含めてたった2名だけであった。

14
三式戦闘機（キ61）「飛燕」一型丙　昭和20年1月
柏飛行場　飛行第18戦隊第6震天制空隊　小宅光男中尉

キ61飛燕はその降下速度の速さから最良のB-29邀撃機のひとつとされていた。同機の実用上昇限度は10000m、最高速度は高度4260mで590km/hであった。小宅光男中尉は18戦隊で1945年の初期、このキ61に乗っていた。4月7日、彼はB-29を繰り返し攻撃したが撃墜することができず、とうとう体当たりという手段に訴えた。それによって尾部を失ったB-29は東京の杉並区久我山に墜落した。小宅中尉は意識不明のまま落下傘降下、木に引っ掛かり生還した。彼は終戦まで戦いつづけ、B-29の撃墜4機、撃破3機を報じた。小宅中尉もその卓越した敢闘に対して武功章を授けられた。

15
四式戦闘機（キ84）「疾風」甲　昭和20年1月
伊丹飛行場　飛行第103戦隊第3中隊　宮本林泰中尉

宮本林泰（しげやす）中尉の初戦闘は1945年1月の本土上空でのB-29との交戦であった。4月15日、彼は爆装した8機の戦闘機を率いて沖縄の北飛行場を襲撃したが、帰途、F6F-5ヘルキャットの邀撃を受けた。彼はこの戦闘で負傷し、四式戦で徳之島に不時着した。彼は沖縄戦での勇戦を認められ武功章を授けられ、戦争を生き延びた。

16
二式複座戦闘機（キ45改）「屠龍」　昭和20年1月
小月飛行場　飛行第4戦隊第2中隊　木村定光准尉

本機は胴体の上部燃料タンクを撤去した場所に設置された2門のホ5、20mm上向き砲（角度が70度）を装備していた。B-29の撃墜22機を報じ、1945年7月13～14日の夜、超重爆の射手に倒された木村定光准尉はこの兵装を非常に正確に活用した。

陸軍航空隊随一のB-29ハンターのひとりであった木村准尉は1915年8月19日、千葉県で生まれた。1938年5月、彼は飛行訓練を始め、1942年に4戦隊に配属された。彼の戦歴の中心はB-29に対する本土防空戦であった。ボーイングの超重爆が初めて日本本土を空襲した1944年6月15～16日、彼は邀撃のためキ45で小月飛行場を離陸、帰還後、B-29の撃墜2機、撃破3機を報じた。これは開戦後、戦隊が初めて報じた大戦果で木村准尉はその功に対して東條英機陸軍大臣から軍刀と金一封を贈られ、西部軍管区の下村定中将から賞詞を授与された。

1945年3月27日、木村准尉は一晩のうちに三度出撃、B-29撃墜5機、さらに撃破2機という信じられないような戦果を報じた。5月1日、卓越した戦功に対して武功章が彼に与えられた。1945年7月13～14日、下関に機雷敷設のため第313爆撃航空群のB-29が飛来した際、木村准尉は無線で

B-29の撃破を告げ、つづいて傷ついた爆撃機にとどめを刺すと連絡した後、消息を絶った。

B-29撃墜王として有名な樫出勇中尉は戦後の回想で木村准尉のB-29撃墜戦果を22機としているが、日本の研究者は彼の戦果を8機としている。

17
二式複座戦闘機（キ45改）「屠龍」　昭和20年2月
松戸飛行場　第53戦隊震天制空隊

本機は空対空特攻隊、震天制空隊の所属機である。機体に描かれているのは日本の中世期、天皇家を守るために戦った偉大な戦士、楠木正成の古事に因んだ鏑矢である。鏑矢は射ると音を出すように造られており、古来より戦闘開始を告げる信号弾として空に向かって放たれてきた。このキ45は体当たり専用機として同乗者席は撤去され、その風防は金属板で塞がれていた。

18
四式戦闘機（キ84）「疾風」甲　昭和20年2月
下館飛行場　飛行第51戦隊　池田忠雄大尉

51戦隊は1944年11月に、本土防空戦に参加するためフィリピンより帰還、池田忠雄大尉は戦隊の指揮官として満洲から内地に赴任した。彼は熟練者による4機から6機の編隊を編成、これを新人操縦者たちの中核とした。1945年2月16日、池田大尉は部下5機を率いて、鉾田の陸軍飛行場を掃射していた第12戦隊爆撃飛行隊（VBF-12）のヘルキャット20機と交戦した。池田大尉と、カワムラ曹長はそれぞれF6F撃墜1機を報じ、四式戦は2機が少々被弾しただけで、6機全部が基地に戻った［VBF-12のB・P・シーマン・Jr中尉のヘルキャットは「零戦」を追って断雲に入った後、未帰還となったと記録されている］。同戦隊は、対B-29戦でもいくらかの戦果を報じている。

19
三式戦闘機（キ61）「飛燕」一型丙　昭和20年3月
横芝飛行場　第39教育飛行隊　田畑巌曹長

田畑巌曹長はニューギニアの68戦隊で戦っていた歴戦の戦闘機乗りだった。ウェワク上空で撃墜され、負傷した彼は内地に送還され、第39教育飛行隊で教官を務めていた。そして、本土空襲が始まった時、田畑巌曹長もまた防空戦に参加したのである。この三式戦には4個の撃墜マークが描かれているが、小さい2個は戦闘機を示し、爆撃機のシルエット2個が、この古強者がB-29を2機撃墜したことを示している。尾翼の部隊マークは39の数字を図案化したものである。

20
三式戦闘機（キ61）「飛燕」一型丁　昭和20年3月
伊丹飛行場　飛行第56戦隊

55、56両戦隊は、1944年3月、大正飛行場で時を同じくして編成された。両戦隊とも純粋な本土防空戦隊で、キ61を配備され、56戦隊の戦隊長は古川治良少佐であった。彼は終戦まで率先垂範して56戦隊を率いてB-29邀撃に出動、戦隊は操縦者30名を失ったもののB-29の撃墜11機を

報じている。古川少佐は著者に、戦隊マークは地上勤務者が考案したものだと説明してくれた。

21

二式複座戦闘機（キ45改）「屠龍」甲　昭和20年3月
清州飛行場　飛行第5戦隊第3中隊長　伊藤藤太郎大尉

伊藤藤太郎（ふじたろう）大尉は爆撃機13機撃墜の戦果を報じており、うち少なくとも9機はB-29に対するものであり、当然のことながら、これらの戦果に対して武功章を授与されている。尾翼には漢字で白く「九頭龍」の文字が書き込まれているが、これは日本の神話に登場する九つの頭を持つドラゴンを意味している［伊藤大尉の生地である福井県を流れる九頭龍川を表しているのではないかと思われる］。

本書に掲載されている他のB-29撃墜王に比べるとさほど有名ではないが、伊藤藤太郎大尉は日本陸軍最高の四発重爆ハンターかもしれない。彼は1916年、福井県に生まれ、1930年代中盤に陸軍に応召、当初は歩兵第36連隊に勤務した。1939年4月、下士官として飛行学校に入校、12月に熊谷飛行学校を卒業した。彼は5戦隊に配属され終戦まで同部隊に留まった。同戦隊で数年の前線勤務を経て、1942年6月、少尉候補生となった彼は11月に課程を修了、その3カ月後、少尉に任官した。

1943年7月、5戦隊はジャワの南部に派遣され、同地で様々な戦闘を経験した。1944年1月19日までに、戦隊は日本陸軍で初めてキ45重戦闘機を配備された戦隊［屠龍を最初に受領したのは独飛84中隊。5戦隊は2番目だが、戦隊としては最初］として、東インド諸島のアンボン島、リアン飛行場から作戦を開始した。彼の屠龍での初戦闘は、東インド諸島到着後すぐに起こった（1月19日）。彼の中隊が飛行場を奇襲したB-24の迎撃に上がったのだ［来襲したのは第380爆撃航空群、この邀撃戦には海軍の零戦も参加、撃墜戦果を報じている］。重装備のキ45との交戦でリベレーター撃墜7機が報じられ、うち3機は伊藤少尉と彼の同乗者、野崎政範軍曹による戦果だった［この日、5戦隊は二式複戦1機を喪失、第380爆撃航空群は2機のB-24を失った］。伊藤少尉は四発重爆の編隊と交戦し、37㎜機関砲を使ってたちまち3機を葬ったが、彼の屠龍も右エンジンに被弾し、セラム島への緊急着陸を強いられた。圧倒的に不利な状況であったにもかかわらず勇戦した両名には第3飛行団長から賞詞が贈られた。

1944年5月中旬、伊藤少尉と野崎軍曹はまたも敵重爆と遭遇、だが今回は敵機を仕留める前に屠龍がやられてしまった。彼らは海上への不時着水を余儀なくされたが、ただちに救助された。伊藤少尉はその後、南京周辺の防空哨戒に飛ぶなどして内地に帰還した。

1944年12月、マリアナ諸島を基地とするB-29の名古屋空襲が始まった。進級したばかりの伊藤中尉は、日本陸軍航空の先陣を切って米陸軍航空の企図を粉砕に力を注いだ。つづく8カ月の間に、彼はまずキ45で、次いでキ61、最後にはキ100を以て超重爆に立ち向かって行った。1945年1月、彼は第3中隊の指揮官となり、終戦までにB-29の撃墜9機を報じた。戦争最後の絶望的な数カ月間に見せた彼の敢闘に対して、1945年7月7日、武功章が授与された。伊藤大尉が撃墜を報じた13機はすべてが爆撃機であった。彼は1983年5月15日に逝去した。

22

三式戦闘機（キ61）「飛燕」一型丁
昭和20年3月下旬　佐野飛行場　飛行第55戦隊

55戦隊はキ61だけを装備した部隊として、1944年3月に大正飛行場で編成された。第18飛行団の配下に入った同戦隊の主任務は本土防空であった。フィリピンでのほんの短い戦闘の後、内地に戻った同戦隊の本土防空での戦功は見事なものであった。37機を擁した同戦隊は大阪の南西、大阪湾に面した佐野を基地にしていた。

23

三式戦闘機（キ61）「飛燕」一型丁　昭和20年4月
調布飛行場　飛行第244戦隊長　小林照彦大尉

小林戦隊長の乗機と見られるこの飛燕は、1945年4月12日、攻撃航路中、B-29の射手にひどく撃たれ、落下傘降下させられた時の機体かもしれない。244戦隊は、報道機関からの脚光を浴びていたため、小林戦隊長の乗る機体は部隊の戦功の象徴として常に注目されていた。

24

三式戦闘機（キ61）「飛燕」一型丁　機体番号3024
昭和20年4月　調布飛行場　飛行第244戦隊長
小林照彦大尉

このカラー図はまた3024号機である（カラー図10を参照）が、もっと後期の仕様であり、操縦席の下にB-29のシルエット10機と、ヘルキャットのシルエット2機が描かれている。小林大尉の6機目として描かれているB-29の白いシルエットに赤い飛燕が重なっている撃墜マークは、富士山上空での体当たり戦果を示している。彼は部下の士気を鼓舞するため、方向舵に白で「必勝」の文字を書き入れている。

25

二式複座戦闘機（キ45改）「屠龍」丙　昭和20年4月
小月飛行場　飛行第4戦隊回天隊　山本三男中尉

山本三男三郎中尉は、空対空特攻隊員の慣例として苗字を平仮名でこのキ45の垂直尾翼に書き入れている。彼は1945年4月18日、本機で福岡県上空でB-29に体当たり戦死した。

26

四式戦闘機（キ84）「疾風」甲　昭和20年5月
福生飛行場　陸軍航空審査部　佐々木勇曹長

日本陸軍航空の他の著名な操縦者たちとは対照的に、佐々木勇曹長は近年、あまり注目されていなかった。1921年、広島県で生まれた彼は工業学校を卒業すると、1938年4月に陸軍東京航空学校に入校。1941年3月に卒業すると台湾を基地とする50戦隊に配属された。太平洋戦争開戦とともに、彼はフィリピン侵攻作戦に参加、1941年12月10日、ビガン湾の日本艦隊を奇襲したB-17Cの追跡で初めて戦火の洗礼を受けた。彼はボーイングの爆撃機をバギオまで追

って行き、海軍の零戦がその後を引き継いだ。
1942年1月、彼の戦隊はタイへ前進、彼はラングーン上空で初戦果を記録した。ビルマでの激しい航空戦で、彼は20機を越す戦闘機を撃墜すると同時に、1ダースを越す大型機の撃墜をも報告している。1944年4月、彼は内地に帰還し、航空審査部のテストパイロットになった。
1945年5月25日の夜、眼下の大火災に浮かび上がった超重爆のシルエットを狙った東京上空での戦いぶりを見ただけでも、航空審査部での佐々木曹長の果敢さと、練り上げられた技量を知ることができる。彼は獲物の前下方から対進で攻撃、この方法で数分のあいだに撃墜3機を報告したのである［5月25日、米軍はB-29を26機喪失（さらに重大な損傷26機、軽い損傷84機）。墜落機のうち20機は原因不明とされているが、夜間、3000から5000mの高度を単機ずつ進入してきたため、その多くが防空戦闘隊の餌食となったものと思われる。この夜、陸軍は撃墜25機、海軍は22機の戦果を報告している。黒江保彦少佐とともに、四式戦で邀撃に参加した佐々木曹長の戦果判断はB-29撃墜確実1機、不確実2機であったという］。
終戦を迎えた時、佐々木曹長はB-29撃墜6機（うち3機は5月25日、本機搭乗中に果たしたものであった）と、撃破3機を報じ、彼の総撃墜戦果は38機であるとされている。これらB-29に対する戦果と、ビルマでのすばらしい活躍に対して武功章が授与され、加えて彼は准尉に進級した。戦後、彼は平山に改姓し、航空自衛隊に参加。退官後、今は広島県で暮らしている。

27
五式戦闘機（キ100）一型乙　昭和20年5月
芦屋飛行場　飛行第59戦隊
本機は緒方尚行大尉率いる第3中隊の所属機として1945年4月から終戦まで使われた。塗料の質が悪かったため、本機の外観はずいぶん使い込まれたように見えている。五式戦はキ61戦闘機の機体に、川崎の液冷エンジンハ140（日本でライセンス生産したダイムラーベンツDB601Aの改良型）の代わりに、ほぼ同馬力のハ112二型空冷エンジンを搭載した機体であった。この組み合わせは非常な成功で、同機はヘルキャットやマスタングに対して有利に戦えた他、高高度でのB-29邀撃にも活躍した。日本の戦闘機乗りの多くが、本機を陸軍最高の戦闘機であったと見なしている。

28
五式戦闘機（キ100）一型乙　昭和20年6月
清州飛行場　飛行第5戦隊
1945年の5月から7月にかけて生産された一型乙は最高といわれたキ100の中でもさらに良かったと評価されている。慌ただしく組み立てられた本機は、機体の上面だけに緑色の標準塗装が施されただけで、機体下面は無塗装のままであった。（他機のような名称もなく）単に五式戦とだけ知られているキ100は操縦の習得が容易で、マスタングに掩護されたB-29を迎え撃つには最適の戦闘機であった。1944年12月から終戦まで名古屋の防空を担っていた5戦隊は、1945年5月に最初のキ100を受領した。同戦隊は終戦までに空中勤務者16名を失ったものの、B-29の撃墜40機を報告している。

29
二式複座戦闘機（キ45改）「屠龍」　昭和20年6月
小月飛行場　飛行第4戦隊第2中隊　西尾半之進中尉
このキ45改の胴体には本機が、4戦隊の基地がある山口県の共和会から献納された機体であることが記されている。本機の操縦者であった西尾半之進中尉は戦争末期の数カ月間にB-29を少なくとも5機は撃墜したといわれている。

30
二式単座戦闘機（キ44）二型丙　昭和20年6月
柏飛行場　飛行第70戦隊第3中隊　吉田好雄大尉
本機は1945年2月から終戦まで、同中隊の中隊長を務めていた吉田好雄大尉の乗機であった。この日本陸軍最高のB-29ハンターのひとりである彼は1921年に広島市で生まれ、1939年の陸士55期生として航空士官学校に入校、1942年3月に卒業を迎え明野飛行学校で戦闘機操縦者としての教育を受けた後、70戦隊に配属された。
1944年7月29日、米陸軍航空隊、第XX爆撃機コマンドのB-29が満洲の鞍山を初めて空襲した翌月、70戦隊は同地の防空を担うため満洲へ移動した［70戦隊はもともと関東軍麾下の部隊で満洲にいたが、本土防空のため内地に派遣されていた］。同戦隊の装備機はキ44二型丙であった。9月8日、108機のB-29がふたたび鞍山を襲った時、吉田大尉は鍾馗で超空の要塞と交戦、不確実撃墜1機を報じた。
1944年11月、荒れ狂うB-29の大群が東京を襲ったため、70戦隊は柏飛行場にふたたび派遣され、装備をもはやあまり役に立たなくなった二式単戦から新鋭の四式戦に改変することになった。吉田大尉は1945年2月から第3中隊の指揮をとることになるとすぐに四発重爆への攻撃法を錬磨していった。4月13日、彼はB-29を1機撃墜、2日後、もう1機を撃墜した。5月25日までに彼は撃墜戦果を6機まで増やし、大量撃墜を果たしたこの夜にも不確実1機を報じ、これらの戦果は日付を添えてすべて機体の横に描かれた。旧式の二式単戦で群を抜く戦果を記録、70戦隊第二のB-29ハンターとなった彼は武功章を授与された。

31
四式戦闘機（キ84）甲「疾風」　昭和20年7月
大正飛行場　飛行第246戦隊　藤本研二准尉
この機体はB-29撃墜3機（2機はそれぞれ3月13日と16日に体当たりで落とした）を記録し武功章を授与された藤本研二准尉が使っていた。彼は終戦までちょうど24時間、8月14日、京都の北方、琵琶湖の上空でP-47に撃墜されて戦死した。

32
二式戦闘機（キ44）二型丙　昭和20年6月　柏飛行場
飛行第70戦隊第3中隊　小川誠少尉
この使い古された歴戦の機体は、図案化された鷲でB-29に対する戦果を示している小川誠少尉の乗機であった。70戦隊随一のB-29撃墜王であった彼は7機の超重爆と、マス

タング2機の撃墜を報じている。

彼は1917年、静岡県に生まれた。1935年に浜松の第7飛行連隊に配属され、その後、戦闘機に転科した。1938年、彼は72期生として熊谷飛行学校を卒業、前線部隊に配属される代わりにこの名門校の助教となった。1941年暮れ、彼はとうとう実戦部隊、満洲の70戦隊に配属された。

太平洋戦争の開戦から3年間、70戦隊は帝国の北辺、満洲の防空を担っていたが、1944年秋、戦隊は装備をキ84に改変し、帝都防空戦の一翼を担うことになったのである。7年間の飛行経験をもつ小川准尉の練度は最高潮に達しており、B-29の夜間邀撃に際してもただちに対進からの戦術を確立した。だが昼間邀撃では超重爆が爆弾の投下を開始、高度と針路を一定に保たなければならない時だけを狙って襲いかかった。容易な獲物を獲得できるこのやり方で彼は2機のB-29を仕留めている。

終戦までに7機のB-29と、2機のP-51の撃墜を報じた小川准尉は、70戦隊随一のエースと成っていた。1945年7月9日、彼は第12方面軍司令官の田中静壹中将から武功章の授与を受け、同時に少尉に特別進級した。

33
五式戦闘機（キ100）一型甲　昭和20年8月
芦屋飛行場　59戦隊第3中隊長　緒方尚行中尉

本機は1945年2月から6月にかけて、たった272機しか生産されなかったキ100一型甲の1機である。川崎が造った最上の戦闘機キ100のうち、この一型甲の生産数がもっとも多かった。本機の操縦者、緒方尚行中尉は、59戦隊に配属される前は明野飛行学校でキ61に乗っていた。1944年8月15日、中国大陸を基地にするB-29が北九州を襲った時、緒方中尉は超重爆の撃墜3機を報じた。その後、彼は1945年5月14日、桜島上空でF6Fヘルキャット撃墜1機を報じ、5機目、そして最後の撃墜戦果となるP-51の撃墜は8月14日、芦屋飛行場の上空で報じることになった。緒方中尉は、戦争最後の週に、その優れた戦功に対して武功章を授けられている。

34
三式戦闘機（キ61）「飛燕」一型丁　1945年8月
調布飛行場　飛行第244戦隊

この普通にはないマーキングを施した機体の写真は、戦後、占領軍として進駐してきた米軍将校によって撮影された。12機もの四発重爆（B-29?）の撃墜マークを描いている本機は、戦隊長である小林照彦大尉が最後に乗っていた機体であると思われる。彼が乗機を換えると機付長がただちにそれまでの撃墜マークを新しい機体に描きこんだ。また本機は、B-29撃墜9機、ヘルキャット撃墜1機、B-29撃破6機を報じて武功章を授けられた市川忠一大尉の乗機だったのかもしれない。そして、三式戦のマーキングの中で、この機体に描かれた緑色のクローバーほど妙なものはない。クローバーまたはシャムロック（キリスト教の三位一体を示している）は米国人には幸運の印だが、日本人にしてみればそんな象徴ではなかった。従ってこれは暇を持て余した米兵によるいたずら描きであった可能性が高い［『244戦隊史』を著した櫻井隆氏によれば、戦隊でこんなマークを描くことはありえないと244戦隊の元整備隊長が断言していたという］。

参考文献
BIBLIOGRAPHY

[原書の参考文献]
BOEING B-29 SUPERFORTRESS. J.M. Cambell. Schiffer Publishing, 1997
SAGA OF SUPERFORTRESS. S. Birdsall. Doubleday & Co, 1980
NO STRATEGIC TARGETS LEFT. F.J.Bradley. Turner Publishing, 1999
『本土空襲の墜落米軍機と捕虜飛行士』福林徹・京都・私家版・2000年
『日本大空襲・本土制空基地隊員の日記』原田良次・中公新書・1973年
『第二次大戦航空史話』（全三冊）秦郁彦・中公文庫・1996年
『日本陸軍戦闘機隊』秦郁彦／伊澤保穂・酣燈社・1977年
『B29撃墜記・夜戦「屠龍」撃墜王樫出勇空戦記録』樫出勇・光人社NF文庫・1998年
Sky Giants Over Japan. C. Marshall. Global Press, 1994
The Global Twentieth. C. Marshall. Marshall Publishers, 1985
Twentieth Air Force Story. K. C. Rust. Historical Aviation Album, 1979
『本土防空戦』渡辺洋二・朝日ソノラマ・1982年
『記録写真集日本防空戦＜陸軍篇＞』渡辺洋二・原書房・1980年
『超・空の要塞：B-29』（日本語版）C・E・ルメイ・B・イェーン・渡辺洋二訳・朝日ソノラマ・1991年
『B-29対陸軍戦闘隊』山本茂男他・今日の話題社・1973年

翻訳に当たって著者が参考にした和書文献は、入手できなかった『本土空襲の墜落米軍機と捕虜飛行士』を除くすべてを参照、また加えて以下の資料も参考にさせていただきました。

『死闘の本土上空・B-29対日本空軍』渡辺洋二・文春文庫・2001年
『陸軍実験戦闘機隊』渡辺洋二・グリーンアロー出版社・1999年
『写真史302空』渡辺洋二・航空ファンイラストレイテッドNo96・文林堂・1997年
『首都防空302空』（上）（下）渡辺洋二・朝日ソノラマ・1995年
『双発戦闘機「屠龍」』渡辺洋二・朝日ソノラマ・1993年
『液冷戦闘機「飛燕」』渡辺洋二・朝日ソノラマ・1992年
『局地戦闘機「雷電」』渡辺洋二・朝日ソノラマ・1992年
『大空の攻防戦』渡辺洋二・朝日ソノラマ・1992年
『米軍資料・八幡製鉄所空襲・B-29による日本本土初空襲の記録』・北九州の戦争を記録する会・2000年
『太平洋戦争航空史話』（上）秦郁彦・中公文庫・1995年
『東京を爆撃せよ・作戦任務報告書は語る』奥住喜重／早乙女勝元・三省堂選書・1990年
『続・艦隊航空隊』池田速雄他・今日の話題社・1978年
『戦史叢書・本土防空作戦』防衛庁戦史室・朝雲新聞社・1968年
『戦史叢書・満州方面陸軍航空作戦』防衛庁戦史室・朝雲新聞社・1972年
『隼／鍾馗／九七戦』・軍用機メカシリーズ・光人社・1994年
『陸軍航空の鎮魂』陸軍碑奉賛会・1978年
『日本陸軍航空隊のエース 1937-1945』ヘンリー・サカイダ・梅本弘訳・大日本絵画・2000年
『陸軍航空英雄列伝』押尾一彦／野原茂・モデルアート10月号臨時増刊・モデルアート社・1993年
『図説・アメリカ軍の日本焦土作戦・太平洋戦争の戦場』太平洋戦争研究会・河出書房新社・2003年
『米軍資料・日本空襲の全容・マリアナ基地B-29部隊』小山仁示訳・東方出版・1995年
『陸軍飛行第244戦隊史』櫻井隆・そうぶん社・1995年
『陸軍飛行第244戦隊・調布空の勇士たち』櫻井隆・http://www5b.biglobe.ne.jp/~s244f/
CROMMELIN'S THUNDERBIRDS. Bruce Leonard. Naval Institute Press,1994
AIRWAR PACIFIC CHRONOLOGY. Eric Hammel. Paciffica Press,1998
THE PINEAPPLE AIR FORCE. John W. Lambert. PHALANX,1990

なお、翻訳に当たって漢字表記の不明な人名はカタカナ書きといたしました [訳者]。

◎著者紹介 | 高木晃治（たかきこうじ）

小学生時代、佐伯市でB-29を始めとする軍用機を実際に目撃。1950年、まだ英会話を勉強中の学生だった頃から日本の軍用機に関する資料を収集。現在、ヘンリー・サカイダとともに何冊かの著作を計画している。本書はオスプレイ社から出版される共著の第1号である。

◎著者紹介 | ヘンリー・サカイダ　Henry Sakaida

日系三世の米国人航空史研究家。成人後、長年にわたって日本軍戦闘機パイロットについての調査を継続。終戦後、今日まで口を閉ざしてきたかつての飛行士たちから得た数多くの資料を使って、細部まで余すところなく調査している。本書はオスプレイ社に於ける彼の三冊目の著書であり、本シリーズ既刊に「日本海軍航空隊のエース 1937-1945」「日本陸軍航空隊のエース 1937-1945」がある。

◎訳者紹介 | 梅本 弘（うめもとひろし）

1958年茨城県生まれ。武蔵野美術大学卒業。著書にフィンランド冬戦争をテーマにした『雪中の奇跡』『流血の夏』『ビルマ航空戦（上・下）』（以上、大日本絵画刊）のほか、『ベルリン1945』（学研刊）、『エルベの魔弾』（徳間書店刊）、『ビルマの虎』（カドカワノベルズ刊）などがある。訳書に『フィンランド空軍戦闘機隊』『フィンランド上空の戦闘機』（以上、大日本絵画刊）などがある。本シリーズでは、『第二次大戦のフィンランド空軍エース』『日本陸軍航空隊のエース 1937-1945』『太平洋戦線のP-38ライトニングエース』『太平洋戦線のP-40ウォーホークエース』『太平洋戦線のP-51マスタングとP-47サンダーボルトエース』などの翻訳も担当している。

オスプレイ軍用機シリーズ 47
B-29対日本陸軍戦闘機

発行日	2004年11月8日　初版第1刷
著者	高木晃治 ヘンリー・サカイダ
訳者	梅本 弘
発行者	小川光二
発行所	株式会社大日本絵画 〒101-0054 東京都千代田区神田錦町1丁目7番地 電話：03-3294-7861 http://www.kaiga.co.jp
編集	株式会社アートボックス
装幀・デザイン	関口八重子
印刷/製本	大日本印刷株式会社

©2001 Osprey Publishing Limited
Printed in Japan
ISBN4-499-22850-6 C0076

B-29 Hunters of the JAAF
Koji Takaki　Henry Sakaida

First published in Great Britain in 2001,
by Osprey Publishing Ltd, Elms Court,
Chapel Way, Botley, Oxford, OX2 9LP.
All rights reserved.
Japanese language translation
©2004 Dainippon Kaiga Co., Ltd.

ACKNOWLEDGEMENTS

The Authors wish to thank the following individuals for their help -- F J Bradley, Tom Britton, John M Campbell, Len Chaloux, Bill Copeland, 'Sparky' Corradina, Josh Curtis, Toru Fukubayashi, Haruyoshi Furukawa, Hap Halloran, Dr Yasuho Izawa, Walter Huss, Masao Katoh, Masaji Kobayashi, Satohide Kohatsu, Yasuo Kumoi, Chester Marshall, David Maxwell, Kiyoko Ogata, Kazuhiko Osuo and Sallyann Wagoner.